适宜热区小果型西瓜新优品种与高效栽培技术

杜公福　詹园凤　主编

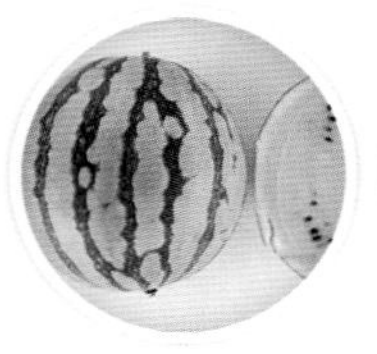
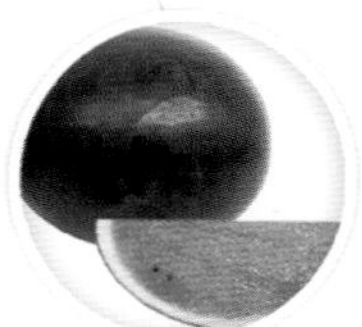

中国农业科学技术出版社

图书在版编目（CIP）数据

适宜热区小果型西瓜新优品种与高效栽培技术 / 杜公福，詹园凤主编 .-- 北京：中国农业科学技术出版社，2022.12
ISBN 978-7-5116-5968-2

Ⅰ. ①适… Ⅱ. ①杜… ②詹… Ⅲ. ①西瓜-瓜果园艺 Ⅳ. ① S651

中国版本图书馆 CIP 数据核字（2022）第 188392 号

责任编辑 王惟萍
责任校对 王 彦
责任印制 姜义伟 王思文

出 版 者 中国农业科学技术出版社
北京市中关村南大街 12 号 邮编：100081
电 话 （010）82106643（编辑室）（010）82109702（发行部）
（010）82109709（读者服务部）
网 址 https://castp.caas.cn
经 销 者 各地新华书店
印 刷 者 北京科信印刷有限公司
开 本 170 mm × 240 mm 1/16
印 张 8
字 数 155 千字
版 次 2022 年 12 月第 1 版 2022 年 12 月第 1 次印刷
定 价 62.80 元

编 委 会

主　　编　杜公福（中国热带农业科学院热带作物品种资源研究所）

　　　　　詹园凤（中国热带农业科学院热带作物品种资源研究所）

副 主 编　党选民（中国热带农业科学院热带作物品种资源研究所）

　　　　　戚志强（中国热带农业科学院热带作物品种资源研究所）

　　　　　李汉丰（中国热带农业科学院试验场）

　　　　　李金萍（北京市植物保护站）

参编人员　杨　衍（中国热带农业科学院热带作物品种资源研究所）

　　　　　贺　滉（中国热带农业科学院热带作物品种资源研究所）

　　　　　李晓亮（中国热带农业科学院热带作物品种资源研究所）

　　　　　王寿旅（海南省植物保护总站）

　　　　　王开成（海南省临高县农业技术服务中心）

简介

INTRODUCTION

西瓜是海南省优势农产品，种植历史悠久，在国内外具有很强的市场竞争力，是海南省主要热带高效农业作物之一。随着我国经济的快速发展和人民生活水平的不断提高，西瓜消费逐步向优质化、小型化、多样化、专用化方向发展。小果型西瓜因果小巧玲珑、皮薄、瓤质细腻、糖分足、口感好，携带和贮藏方便，且与现代家庭的消费需求吻合，深受市民青睐，需求日益增长。近几年种植小型礼品西瓜的经济效益良好，产品可销本地市场，也可外运，是乡村振兴产业一个可靠的发展模式。

编者团队长期从事小果型西瓜育种工作，先后自主选育出美月、琼丽、琼香、热研墨玉等小果型西瓜新品种，同时收集国内外优良的小果型西瓜品种，现将这些资料整理成册，希望将西瓜新优品种及配套栽培技术传授给生产一线上的技术人员和种植户，为相关人员提供品种与栽培技术的选择与帮助。

本书主要介绍设施小果型西瓜新优品种及高效栽培技术等，具体内容分为西瓜特性简介、海南省西瓜生产分布及栽培模式、海南省西瓜设施栽培主要棚型、小果型西瓜优良品种、高效栽培技术、病虫害识别与防控、采收、生理性病害识别与防治措施、气候异常对西瓜生长影响与防治措施等十大部分。文中配有西瓜优良品种图片、病虫害田间典型为害症状图片、致病菌形态图片和综合防治方法，图片清晰、典型，易于田间识别，图文并茂，准确实用。

本书在编写过程中得到海南省农业农村厅瓜菜新品种引进试验示范项目资助，在此表示感谢！同时对书中所参引资料的原文作者表示衷心的感谢！

因病原菌和害虫对农药普遍产生耐药性，防治方法要因地制宜，书中内容涉及的农药和防治方法仅供参考，建议读者在阅读本书的基础上，结合本地实际情况和病虫害防治经验进行试验示范后再推广应用。由于编者水平有限，书中不妥之处在所难免，恳请各位专家和读者批评指正。

前言

PREFACE

西瓜是世界范围的重要园艺作物，是世界第五大水果。中国是全球最大的西瓜生产国及消费国，根据联合国粮食及农业组织（FAO）2019年的数据显示，中国的西瓜生产面积达1 471.58万hm^2，占全球西瓜生产总面积的47.71%；中国的西瓜产量为6 086.12万t，占全球总产量的60%以上。据全国城市农贸中心联合会统计的数据显示，2018年我国平均每人消费了37.27 kg的西瓜，而同年全球人均西瓜占有量仅为12.89 kg，我国人均消费量是世界平均水平的近3倍，西瓜深受大众喜爱。

西瓜按果实大小分类可分为大果型西瓜、中果型西瓜及小果型（也称“迷你型”）西瓜。近年来，国内外小果型西瓜生产发展较快，日本的小果型西瓜已占西瓜总面积的20%，中国台湾小果型西瓜已占西瓜总面积的30%。在我国冬春季上市的西瓜深受消费者喜爱，一般在元旦前后上市，尤其是小果型西瓜外形精致美观，是馈赠亲友的佳品，在经济效益的驱动下，得到了较快的发展和推广。小果型西瓜生育期短，由播种到采收一般只要65～80天，配套设施栽培条件下严格控制化肥和化学农药的使用，产品可满足周年供应，品质出众，价格比普通西瓜高1～2倍以上，经济效益和市场前景较好。近年来，中国热带农业科学院热带作物品种资源研究所自主选育的美月、琼丽等小果型西瓜，在海南省三亚市、儋州市、陵水县等地进行推广，小果型西瓜亩产可达2 000～2 500 kg，批发价为5～6元/kg，经济效益十分显著。海南省是我国重要的反季节西瓜种植基地，2019年全省西瓜播种面积14 739 hm^2，平均单产商品瓜34.52 t/hm^2，总产量50.88万t，外销西瓜占总产量的90%以上。西瓜已成为海南省热带高效农业主要种植产业之一，但目前海南西瓜生产也存在一些问题，如品种结构单一、病虫害发生严重、农药残留问题突出、经济效益不高、生产风险大等，影响海南省西瓜的进一步发展。通过设施搭架栽培小果型西瓜，配套高效栽培技术，可有效减少海南省西瓜病虫害的发生，提高栽培密度，增加栽培茬次和产量，抵御暴雨和寒流侵袭，降低生产风险。因此，积极推广新优小果型西瓜品种及高效栽培技术，对于海南省西瓜品种的结构调整、扩大西瓜种植区域、提高产品质量和种植效益有积极的意义。

编　者

2022 年 3 月

目 录

CONTENTS

第一章 西瓜特性简介

西瓜（*Citrullus vulgaris* Schard.）别名水瓜、寒瓜、明月瓜，属葫芦科，原产于非洲。西瓜是一种双子叶开花植物，形状像藤蔓，叶子呈羽毛状，它所结出的果实是假果，且属于植物学家称为假浆果的一类，果实外皮光滑，呈绿色或黄色有花纹，果瓤多汁为红色或黄色（罕见白色）。西瓜为一年生蔓性草本植物，瓜瓤脆嫩，味甜多汁，含有丰富的矿物盐和多种维生素，是夏季主要的消暑果品，并具有良好的药用价值，对治疗肾炎、糖尿病及膀胱炎等疾病有辅助疗效。果皮可凉拌、腌渍、制蜜饯、果酱和饲料。种子含油量达50%，可榨油、炒食或当糕点配料。

小果型西瓜高效栽培通过吊蔓技术，栽培密度可达1 800～2 200株/亩（1亩≈667 m^2），一年可种2～3茬，产量达5 000 kg/亩左右，经济效益全年可达5万元/亩以上。

第一节 西瓜的生物学特性

一、根的形态特征

西瓜的根系分布深而广，可以吸收利用较大容积土壤中的营养和水分，比较耐旱。其主根入土深达1 m以上，在主根近土表约20 cm处形成4～5条一级根，水平生长，其后再形成二级根、三级根，形成主要的根群，分布在30～40 cm的耕作层内，在茎节上形成不定根。

西瓜根系发生较早，但根纤细，易损伤，木栓化程度高，再生能力差，幼苗移植后恢复生长缓慢。此外，西瓜的根系生长需要充分供氧，在土壤通透性良好时，根的生长旺盛，根系的吸收能力加强；在通气不良的条件下，则抑制根系的生长和吸收能力。故在土壤结构良好，空隙度大，土壤通气性好的条件下根系发达。因而根不耐湿涝，在植株浸泡于水中的缺氧条件下，根细胞腐烂解体，影响根系的生长和吸收功能，造成生理障碍。因此，在连续阴雨或排水不良时根系生长不良。另外，土质黏重、板结也会影响根系的生长。

二、茎的形态特征

西瓜茎包括下胚轴和子叶节以上的瓜蔓，革质、蔓性，前期呈直立状，子叶着生的方向较宽，具有6束维管束。蔓的横断面近圆形，具有棱角，10束维管束。茎上有节，节上着生叶片，叶腋间着生苞片、雄花或雌花、卷须和根原始体，根原始体接触土面时发生不定根。

西瓜瓜蔓的特点是前期节间甚短，种苗呈直立状，4～5节以后节间逐渐伸长，至坐果期的节间长18～25 cm。另一个特点是分枝能力强，根据品种、长势可以形成4～5级侧枝，形成一个庞大的营养体系。其分枝习性是当植株进入伸蔓期，在主蔓上2、3、4、5节间发生3～5个侧枝，侧枝的长势因着生位置而异，可接近主蔓，在整枝时留作基本子蔓，这是第1次的分枝高峰；当主蔓、侧蔓第2、第3雌花开放前后，在雌花节前后各形成3～4个子蔓或孙蔓，这是第2次分枝时期。其后因坐果，植株的生长重心转移至果实生长，侧枝形成数目减少，长势减弱。直至果实成熟后，植株生长得到恢复，在基部的不定芽及长势较强的枝上重新发生，进而二次坐果。

三、叶的形态特征

西瓜的子叶为椭圆形，若出苗时温度高，水分充足，则子叶肥厚。子叶的生育状况与维持时间长短是衡量幼苗质量的重要标志。真叶为单叶，互生，由叶柄、叶身组成。有较深的缺刻，成掌状裂叶（图1-1）。

图1-1　西瓜叶片形态

叶片的形状与大小因着生的位置而异。第1片真叶呈矩形，无缺刻，而后随叶位的长高裂片增加，缺刻加深。第4片、第5片以后真叶具有品种特征，第1片真叶叶面积10 cm^2左右，第5片真叶叶面积30 cm^2，而第15片真叶叶面积可达250 cm^2，是主要的功能叶。叶片由肉眼可见的稚叶发展成为成长叶需10天，叶片的寿命为30天左右。

叶片的大小与整枝技术有关：在放任生长的情况下，一般叶数很多，叶形较小，叶片较薄，叶色较浅，维护的时间较短；而适当整枝后叶数明显减少，叶形较大，叶质厚实，叶色深，同化效能高，可以维持较长的时间，并能适当抗御病害侵染。在田间可根据叶柄的长度和叶形指数诊断植株的长势：叶柄较短，叶形指数较小是植株生长健壮的标志；相反，叶柄伸长，叶形指数大，则是徒长的标志。

四、花的形态特征

西瓜的花为单性花，有雌花、雄花和雌雄同株，部分雌花的小蕊发育成雄蕊而成雌型两性花，花单生，着生在叶腋间。雄花的发生早于雌花，雄花在主蔓第3节叶腋间开始发生，而雌花着生的位置在主蔓5～6节出现第1雌花，雄花萼片5片，花瓣5枚，黄色，基部联合，花药3个，呈扭曲状。雌花柱头宽约4～5 mm，先端3裂，雌花柱头和雄花的花药均具蜜腺，靠昆虫传粉（图1-2）。

图1-2　西瓜花形态

西瓜的花芽分化较早，在两片子叶充分发育时，第1朵雄花芽就开始分化。当第2片真叶展开时，第1朵雄花分化，此时为性别的决定期。4片真叶期为理想坐果节位的雌花分化期。育苗期间的环境条件对雌花着生节位及雌雄花的比例有密切影响：较低的温度，特别是较低的夜温有利于雌花形成；在2叶期以前日照时数较短，可促进雌花的发生。充足的营养、适宜的土壤和空气温度可以增加雌花数目。花的寿命较短，清晨开放，午后闭合，称半日花。无论雌花或雄花，都以当天开放的生活力较强，授粉受精结实率最高。由于其开花早，授粉的时间与雌花结实率有密切关系，上午 9 时以后授粉结实率明显降低。授粉时的气候条件影响花粉的生活力，而对柱头的影响较小。两性花多在植株营养生长状况良好时发生，子房较大，易结果实且形成较大果实，对生产商品瓜影响不大。第 2 朵雌花开放至采瓜约需 25 天。

五、果实的形态特征

西瓜的果实由子房发育而成。瓠果由果皮、内果皮和带种子的胎座三部分组成。果皮紧实，由子房壁发育而成，细胞排列紧密，具有比较复杂的结构。最外面为角质层和排列紧密的表皮细胞，下面是配置 8～10 层细胞的叶绿素带或无色细胞（外果皮），其内是由几层厚壁木质化的石细胞组成的机械组织。往里是中果皮，即习惯上所称的果皮，由肉质薄壁细胞组成，较紧实，通常无色，含糖量低，一般不可食用。中果皮厚度与栽培条件有关，它与贮运性能密切相关。食用部分为带种子的胎座，主要由大的薄壁细胞组成，细胞间隙大，其间充满汁液。为三心皮、一室的侧膜胎座，着生多数种子（图 1-3）。

图 1-3　西瓜果实形态

果实生长首先是细胞分裂，细胞数目增多，而后是细胞膨大。据测定，开花 2 周后胎座薄壁细胞直径为 20～40 nm，而采收期可达 350～400 nm，增加 10 倍以上。

六、种子的形态特征

西瓜种子扁平卵圆形，由种皮、胚和子叶三部分组成。种皮厚而硬，色泽为黑色、白色、黄色等，表面平滑，千粒重仅为 30～80 g 左右。新收获的种子含水量 47%，在 30℃下干燥 2～3 小时可降至 15% 以下；种子发芽适温为 25～30℃，最高为 35℃，最低为 15℃。新收获的种子发芽适温范围较小，必须在 30℃下才能发芽。而贮藏一段时间后可在较低温度下发芽。干燥种子耐高温，利用这一特性进行干热处理可以钝化病毒或杀死病原菌达到防病的目的。种子表现为厌光性，反应部位是种胚，在发芽适温条件下，厌光性还不能充分显示出来，而在 15～20℃温度下充分表现厌光性。果汁含有抑制种子发芽的物质，越是未成熟的果汁，抑制作用越强。刚采收的种子发芽率不高，是由于种子周围抑制物质所致，经贮藏 6 个月后抑制物质消失，在翌年播种时不影响发芽率，种子寿命一般为 3 年（图 1-4）。

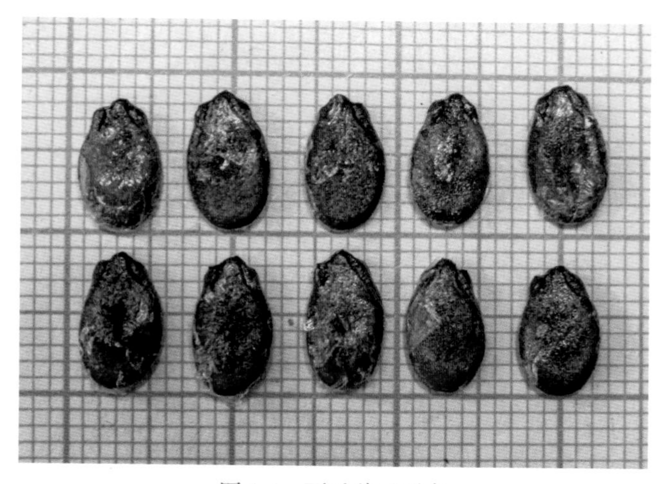

图 1-4　西瓜种子形态

第二节　适宜环境条件的要求

一、温度

西瓜是喜热、不耐低温性作物，西瓜生长的适宜温度为 18～32℃，并要求有一定温差，营养生长适宜较低的温度，结实及果实生长则需要较高的温度。不同生育时期要求的适温不同，发芽期为28～30℃，幼苗期为22～25℃，伸蔓期为25～28℃，开花结果期为28～30℃；西瓜全生育期需积温2 500～3 000℃，其中从雌花开放到该果实成熟的有效积温为600～1 000℃。

昼夜温差对西瓜的生长发育影响很大，较高的昼温和较低夜温有利于西瓜生长，特别是有利于西瓜糖分积累。因为在正常范围内，光合作用和呼吸作用都随温度升高而增强，在正常情况下，白天光合作用显著大于呼吸作用，所以较高的昼温有利于碳水化合物的积累，而较低的夜温一方面可以降低呼吸作用，另一方面也有利于碳水化合物由叶片转运到茎、果、根部。但是如果夜温低于15℃，果实生长缓慢甚至停止。

二、光照

西瓜整个生育期都需要有充足的日照，西瓜不同生育期对光照强度的要求不同，幼苗期要求8万lx以上，结果期要求10万lx以上。一般要求每天日照时数以10～12 h为宜，多日照的高温天气是保证西瓜丰产和优质的重要因素。在日照充足的条件下，表现为植株生长健壮、节间短粗、叶片肥厚浓绿、花芽分化早，坐果率高；光照不足则表现为节间和叶柄增长、叶薄而色淡、光合能力下降，果实品质差。因此，西瓜种植应选择适宜的栽培季节，向阳通风的地块，这是增强光照的主要措施。

三、水分

西瓜耐旱性强，耐湿性弱，地上部要求空气相对干燥，当空气湿度为50%～60%时最为适宜。尤其是进入结果期，空气干燥有利于果实成熟，并且可减少病害的发生。当空气湿度过高植株容易发病，果实成熟比较慢，果实含糖量降低，品质受影响。但在开花前后，空气相对湿度不能过低，如遇干旱，易造成受精不良和化瓜。土层0～30 cm适宜的含水量幼苗期为65%，伸蔓期为70%，果实膨大期为75%左右。

四、土壤

西瓜根系喜欢透气性强、结构疏松、排水良好、有机质丰富的沙质土壤。沙质土壤白天吸热快，夜间散热迅速，昼夜温差大，不仅有利于西瓜根系的生长发育，而且还有利于营养运输和地上部营养物质转运。但是沙质土壤有机质含量较低，肥料分解和流失较快，应多施有机肥，有利于提高果实品质。

西瓜对土壤酸碱度适应性较强，pH 值在 5～8 内能正常生长发育，最适宜中性土壤。土壤酸度太大时，西瓜抗病力降低，在酸性或盐碱地种植西瓜，必须对土壤进行改良，使其变为中性、微酸或微碱性土壤。西瓜忌连作重茬，应实施轮作。

五、养分

西瓜产量高，需肥量大。氮、磷、钾三要素的吸收中以钾最多，氮次之，磷最少，三者之间的吸收比例大约为 3.28∶1∶4.33。不同生育期，对三要素的吸收差异很大，生育前期吸收氮多，钾少，磷更少，中后期吸收钾多。从总吸收量上看，发芽期和幼苗期吸收量最少，伸蔓期和果实膨大期吸收量最大，变瓤期又变小。此外施肥时应有机肥与无机肥配施，氮、磷、钾配合。

六、二氧化碳

二氧化碳是植物光合作用的主要原料，空气中二氧化碳浓度影响光合作用。要维持西瓜较高的光合作用，二氧化碳浓度应保持在 250～300 mL/m^3，增加有机肥和碳素化肥可以提高二氧化碳浓度。在设施栽培中因栽培空间较小，需控制温湿度，棚室内空气与外界交换受限制，需二氧化碳补给以促进植株的光合作用，提高西瓜的产量和品质。

第三节　小果型西瓜的生长发育特性

西瓜的生长发育周期可分为发芽期、幼苗期、抽蔓期和结瓜期。从播种到第 1 片真叶露心为发芽期，需要 10～15 天；从第 1 片真叶露心到 5～6 片真叶团棵期为幼苗期，在气温 15～20℃时，需要 25～35 天，这个时期地下根系开始旺盛生长，花芽分化开始形成；从第 1 个结瓜部位雌花开放到果实成熟为结瓜期，一般需要 30～40 天；从雌花开放到果实褪毛是茎叶生长最旺盛时期，植株的生长中心逐渐从茎蔓顶端转移到果实上。从果实褪毛到基本定型，果实重量的 75% 都是在这个阶段形成的，从定形到充分成熟，肉质由紧密转为脆松，还原糖含量减少，蔗糖、果糖含量增多，甜度明显提高。

小果型西瓜生长发育与大西瓜有所不同，掌握其生长发育特性可以采取相应的栽培技术措施，有利于增加产量、提高品质和商品性，从而获得更高的经济收入。

一、幼苗弱，前期生长慢

小果型西瓜种子小，千粒重在30～35 g，子叶欠发达，种子贮藏养分较少，幼苗出土能力弱，下胚轴细，长势较弱，尤其在早春播种时，低温弱光的环境条件对幼苗生长影响更大，其长势明显比普通西瓜品种弱。这就会影响花芽分化，具体表现为雌花子房很小，初期雄花发育不完全或畸形，雄蕊异常，花粉量少，难以正常自然受粉坐果，需要人工辅助授粉。幼苗定植后若处在不利气候条件下，幼苗期与伸蔓期的植株生长仍表现较弱。一旦气候好转或进入5～6片真叶期，植株生长就恢复正常，迅速分枝，很快出现雌花，易坐果且多蔓多果；如不能及时坐果，则易徒长延误正常生长发育。

二、果形小，果实发育期短

小果型西瓜的果形小，一般单瓜重1.0～2.5 kg，果实发育期短，在适温条件下（25～30℃）雌花开放至果实成熟仅需25天左右，比普通大西瓜早熟10天左右。春早熟和秋延后棚室栽培时，果实发育期偏长。小果型西瓜果皮薄，在水分过多，植株生长过旺或水分及养分不匀时，易发生裂瓜现象。小果型西瓜与普通西瓜果实生育天数和所需积温见表1-1。

表1-1　小果型西瓜与普通西瓜果实生育天数和所需积温比较

品种类型	果形	温暖期/天	冷凉期/天	所需积温/℃
普通西瓜	圆果	30～33	40～45	1 000
	长果	35～38	45～50	1 000
小果型西瓜	圆果	20～22	28～30	600
	长果	25～27	30～35	700

小果型西瓜营养生长与施肥量有密切关系，对氮肥的反应尤为敏感，氮肥过多更易引起植株营养生长过旺而影响坐果。因此，小果型西瓜与普通西瓜采取同样的方式栽培，即2～3蔓整枝，留1～2个瓜，其基肥的施用量应

比普通西瓜减少 30%；但是若在露地爬地栽培，采取留 4～6 蔓，每蔓留 1 个瓜以上，其基肥的施用量应比普通西瓜增加 30% 以上。

三、结果的周期性不明显

小果型西瓜因自身生长特性和不良栽培条件的双重影响，前期生长慢，如过早坐果，因受叶面积的限制瓜长不大，而且易坠秧，严重限制植株的营养生长。随着生育期的推进和气温条件的改善，植株长势得到恢复，如不能及时坐果，易引起徒长。故生长前期一方面要防止营养生长弱，同时又要适时坐果，防止徒长。植株正常坐果后因果小、果实发育周期短，对植株自身营养生长影响不大，故持续结果能力强，可以多茬结果，同样果实生长对植株营养生长影响也不大，这种自我调节能力对多蔓多果、多次采瓜、克服裂果都十分有利，小果型西瓜的结果周期性不像普通西瓜那么显著，其连续结果能力强，从而延长了采收供应期，也提高了总产量。

第二章 海南省西瓜生产分布及栽培模式

第一节　栽 培 面 积

海南省地处热区，全省各地年平均气温在 22～26℃，光照充足，素有“天然大温室”美誉，西瓜作为喜温的瓜类作物，特别适宜在海南种植。根据海南省农业农村厅数据，2021 年海南省西瓜种植面积约 16 万亩，主要分布在文昌、万宁、陵水、东方、三亚等市县。

第二节　主要栽培模式

近年来，海南省大力发展热带高效农业，西瓜作为经济价值较高的作物，得到了较好的发展，极大地促进了西瓜生产水平的提高。海南省西瓜栽培主要以简易小拱棚为主，采用不起垄，宽膜覆盖、单拱双行对爬种植，膜下采用滴灌技术。部分有露地和镀锌钢架连栋塑料薄膜大棚种植（图 2-1～图 2-2）。

图 2-1　简易小拱棚种植模式

图 2-2　西瓜露地种植模式

第三章 海南省西瓜设施栽培主要棚型

海南自 2002 年开始设施西瓜栽培以来，设施种植面积不断增加，设施棚型主要有全竹结构落地式拱棚、镀锌钢架连栋薄膜大棚等。

第一节 全竹结构落地式拱棚

全竹片结构落地式拱棚用 7.0～7.5 m 的竹片搭拱。搭建宽度 4～5 m，顶高 2.0～2.5 m 的拱棚，一般用 7.0～7.5 m 宽的薄膜覆盖到拱棚上。具有成本低、安装简易、采光性好、操作方便等优点。缺点是抗风能力弱、使用年限短。全竹结构落地式拱棚是目前海南省设施栽培推广面积最大的棚型。在温度高的时候，会在棚的两侧把棚膜划开，通风降温（图 3-1～图 3-2）。

图 3-1 全竹结构落地式拱棚

图 3-2 侧膜划开通风降温

第二节 镀锌钢架连栋薄膜大棚

连栋钢架塑料薄膜大棚，一般 3 个或以上单拱连栋，单拱宽 6～8 m，拱肩高 2.5～3.0 m。采用薄膜覆盖到拱棚上，拱与拱之间铺设有防水槽，可安置外遮阴网或内遮阴网。连栋钢架塑料薄膜大棚优点是具有抗风能力强、使用年限长、具有吊挂等功能。缺点是大棚造价相对较高。薄膜是用于设施农业生产建设的专用塑料薄膜，经济适用，造价较低，是最常见的覆盖材料之一，主要有 4 种：乙烯 - 醋酸乙烯共聚物膜、聚乙烯膜、调光性农膜、聚氯乙烯膜。而这 4 种材料的成分也不相同，因此使用的效果和特征也有所差异（图 3-3）。

乙烯 - 醋酸乙烯共聚物（EVA）膜是近年来新出现的大棚覆盖材料，具有较好的透光性、保温效果，具有高产、耐候性等特点。

聚乙烯（PE）膜具有质量较轻、柔软、易造型、透光性好、无毒等优点，但也有不易黏结、保温效果和耐候性较差等缺点。根据 PE 膜中添加的成分不同，还可以分为普通 PE 膜、PE 防老化膜、PE 无滴防老化膜、PE 保温棚膜、PE 多功能复合膜等。

调光性农膜能选择性透过光线，充分利用太阳能，增温保温性较好，作物生化效应强，具有早熟、优质高产等功能。

聚氯乙烯（PVC）膜具有保温性、透光性、耐候性好和柔软、易造型等优点，以及比重大，相同覆盖面积的成本增加，耐候性较差，废弃后处理较麻烦等缺点。根据 PVC 膜中添加成分的不同，可以分为普通 PVC 棚膜、PVC 防老化膜、PVC 无滴防老化膜（PVC 双防棚膜）、PVC 耐候无滴防尘膜等。

图 3-3　西瓜连栋钢架塑料薄膜大棚

第四章 小果型西瓜优良品种

选择适宜的西瓜品种是农民增收的关键，也是小果型西瓜产业健康发展的关键。品种的选择要因地制宜，海南属于热带地区，周年均可生产，在夏秋季优先选择耐湿热品种，进行设施栽培；在冬春季，要考虑设施内低温弱光问题，应选择熟性早、抗性强、坐果率高、品质好、耐裂、耐低温弱光的新优小果型西瓜品种。因此，种植时一定要根据实际情况进行西瓜品种的选择，同时结合市场需求去选择适销对路的西瓜品种。小果型西瓜一般都具有果皮薄而韧、品质好、易坐瓜、不倒瓤、耐贮运等特点。本章介绍 12 个目前应用较多的品种，以供选用时参考。

一、琼丽西瓜

琼丽西瓜是中国热带农业科学院热带作物品种资源研究所选育的杂交一代新品种，早熟，果实椭圆形，具有细花条斑纹，果实发育期 26 天左右。主蔓 5～6 节出现第 1 朵雌花，在第 12 节左右授粉，平均单瓜重 2.0～3.0 kg。果肉黄色，肉质细腻，风味极佳，中心含糖量 12.0%～13.5%，边糖 10.0% 左右，皮薄且坚韧，耐贮运。抗多种病害，适合设施栽培（图 4-1）。

图 4-1 琼丽西瓜

二、美月西瓜

美月西瓜是中国热带农业科学院热带作物品种资源研究所选育的杂交一代

新品种，椭圆形瓜，花皮，瓤色深红，皮薄较脆，籽少。果实发育期24～28天。中心含糖量12.0%～13.0%，边糖含量10.0%～10.5%，瓤质细嫩酥脆，口感爽甜、品质极佳，平均单瓜重1.5～2.0 kg，一般亩产量可达2 500～3 000 kg。抗多种病害，适合设施栽培（图4-2）。

三、特小凤西瓜

特小凤西瓜是台湾农友种苗公司育成的杂交一代新品种，极早熟小果型品种，高球型至微长球型，平均单瓜重1.5 kg左右，外观丰满优美，果型整齐，果皮极薄，肉色晶黄，肉质极为细嫩脆爽，甜而多汁，品质特优，种子极少，果皮韧度差，不耐贮运，植株生长稳健，易坐果，结果多，一般亩产量可达1 500～2 000 kg（图4-3）。

图4-2　美月西瓜

图4-3　特小凤西瓜

四、美少女西瓜

美少女西瓜由台湾中兴大学农学院选育，瓜形长圆形，果皮深绿色，有明显黑皮斑纹，外观玲珑优美，平均单瓜重1.5～2.0 kg。果肉红色，品质优，中心含糖量14.0%左右，肉质细嫩多汁，果皮极薄，果皮厚0.3～0.4 cm，皮脆，不耐贮运，较抗病（图4-4）。

图4-4　美少女西瓜

五、新小兰西瓜

早熟，植株生长强健，极抗病，坐果习性良好，果实圆球形，皮色翠绿清晰美观的黑条斑，无论果型和皮色外观均比较漂亮，皮薄坚韧，果肉晶黄，松脆多汁，中心含糖量 12.0% 左右，平均单瓜重 1.5～2.5 kg，适合大棚、温室及露地栽培。该品种耐高温高湿，低温弱光条件下坐果良好，是种植高档小果型西瓜最理想的品种（图 4-5）。

图 4-5　新小兰西瓜

六、热研墨玉西瓜

热研墨玉西瓜是中国热带农业科学院热带作物品种资源研究所选育的中、小果型西瓜品种，长势中等，坐果能力极强。果实圆球形，底皮墨绿色覆黑色条带，果肉橙黄色，肉质细脆，口感好，中心含糖量 12.0% 左右，平均单瓜重 2.0 kg～2.5 kg，果皮较韧，耐贮运一般。可采用 3 蔓整枝，每株留 2 个果，果实发育期 25～30 天。一般亩产量可达 2 500～3 000 kg（图 4-6）。

七、锦霞八号西瓜

河南豫艺种业科技发展有限公司选育的中小果型西瓜品种。果实椭圆形，果型指数 1.37；果皮绿皮，覆深绿色细条带，平均单瓜重 2.8 kg 左右；果皮厚 0.5 cm 左右，耐贮运；果肉黄红，肉质硬脆；感枯萎病。一般亩产量可达 2 500 kg 左右（图 4-7）。

图 4-6 热研墨玉西瓜

图 4-7 锦霞八号西瓜

八、琼香西瓜

琼香西瓜是中国热带农业科学院热带作物品种资源研究所选育的小果型西瓜品种，果实椭圆形，果皮底皮绿色覆墨绿色细齿条，果面蜡粉少，果皮厚 0.4～0.5 cm。果肉红色，中心含糖量 12.5% 左右，最高可达 14.0%，耐热性好，高温条件下果肉也不容易出现水泽，平均单瓜重 1.4 kg 左右，一般亩产量可达 1 800～2 000 kg（图 4-8）。

九、琼美西瓜

琼美西瓜是中国热带农业科学院热带作物品种资源研究所选育的小果型西瓜品种，果实椭圆形，果型指数 1.2，平均单瓜重 1.6～2.0 kg，果皮底色绿色，覆墨绿色齿状条纹，果肉红色，剖面均匀，质脆爽口。中心含糖量平均为 12.1%，最高可达 14.0%，果皮厚 0.5 cm 左右，皮韧耐贮运。一般亩产量达 2 500 kg 左右（图 4-9）。

图 4-8 琼香西瓜

图 4-9 琼美西瓜

十、黄小玉西瓜

黄小玉西瓜是从日本引进的小型早熟西瓜品种，果实高球形，果型指数1.13，平均单瓜重 1.5～2.0 kg。底皮绿色覆绿色齿条带，皮极薄仅 0.3 cm 左右，皮脆，较不耐贮运。果肉黄色，肉质脆沙细嫩，味甜爽口，不倒瓤，中心糖含量 11% 左右，口感风味佳。一般亩产量可达 1 500 kg 左右（图 4-10）。

十一、琼玉西瓜

琼玉西瓜是中国热带农业科学院热带作物品种资源研究所选育的中、小果型西瓜品种，果实圆球形，果型指数 1.02，果皮绿色覆墨绿齿条带，果皮厚 0.6 cm 左右，硬度中等，贮运性中等。果肉黄色，色泽均匀，中心含糖量11.8%～12.5%，肉质细脆，口感风味好，平均单瓜重 1.6～2.5 kg，一般亩产量可达 2 500 kg 左右（图 4-11）。

十二、2K 西瓜

2K 西瓜通常指全美西瓜，从日本引进的优良小果型西瓜品种，是目前最新优质品种，红瓤瓜，沙瓤口感，肉质细腻，西瓜风味浓，鲜甜多汁，中心糖含量 12.5% 左右，属于早中熟西瓜品种，果瓜重 1.9 kg 左右，商品果率92.1%，平均果形指数 1.3。果形椭圆，果面绿色，覆深绿色齿带，果面无棱沟，坐果性好，不易裂果，耐贮运性好（图 4-12）。

图 4-10　黄小玉西瓜

图 4-11　琼玉西瓜

图 4-12　2K 西瓜

第五章 小果型西瓜高效栽培技术

优良品种配套高效栽培技术是实现西瓜丰产优质的重要保证，本章重点介绍穴盘壮苗技术、嫁接抗病育苗技术、田间管理（水肥一体化）技术等，因地制宜地实施良种良法融合，有利于西瓜绿色生态高效栽培，提高产量和品质。

第一节 西瓜穴盘培育壮苗技术

西瓜穴盘培育壮苗具有减少病虫害的发生、促进植株生长发育、获得高产、优质西瓜等优势，生产效益也得到了提高。由于穴盘培育健壮的西瓜种苗是从种子消毒、催芽到种植的一系列过程，能为后期定植提供健壮植株，从而有效地预防病虫害发生，提高西瓜产量，取得较高的经济效益。

一、穴盘的选择

西瓜穴盘育苗应选 50 穴的穴盘，因为 50 穴的穴盘育苗株数少、株距宽，易培育健壮的西瓜苗。

二、育苗基质

选用市面上适合西瓜育苗的商品基质，装穴盘后，可用 50% 多菌灵可湿性粉剂 500 倍液均匀浇灌进行消毒。

三、种子处理

1. 浸种

温汤浸种：播前 3～4 天，将选好的西瓜种子放在瓦盆或其他容器内，用 55～60℃温水浸种，种子放入温水后要不断搅拌，当水温降到 30℃停止搅拌，保温浸泡 3～5 h，然后洗去种皮上黏液。温汤浸种可预防西瓜种子表面携带的真菌性病害。

高温烫种：在 2 个容器中分别装入等量冷水和开水，水量为种子量的 3

倍，先把选好的种子倒入开水中，迅速搅拌 4～5 s，立即将另一容器中冷水倒入，继续搅拌至水温降到 30℃时停止搅拌，浸种 3～5 h。注意烫种速度要快，不宜烫种时间过长，以免影响种子发芽率。高温烫种可杀死种子表面的病原菌。

药剂消毒：可用 50% 多菌灵可湿性粉剂 800 倍液浸种 1 h，冲洗干净后催芽。种子包衣用 35% 甲霜灵拌种剂 10 mL 包衣 1 kg 种子，放到阴凉干燥处 24 h 晾干后播种；或用 50% 福美双可湿性粉剂、70% 代森锰锌可湿性粉剂按种子重量 0.3% 拌种。药液浸种后要用清水洗净种子上的药液和黏液，后放入 30℃温水中浸泡 3～5 h，以泡软种皮为准。

2. 催芽

将种子浸种 8 h 后，用湿布包好在 28～30 ℃下催芽，25～30 h，70% 种子胚根长 3 mm 左右（露白）时挑出播种。无籽西瓜种皮厚，浸种后用钳子将种子从脐部缝合线处磕裂一个小缝促进出芽，催芽温度 33～35 ℃，30～36 h 出芽。

四、播种

选择晴天上午播种，播种前先浇透装有基质的穴盘，待水渗下后，再连续浇 2～3 遍，然后在每个穴盘孔中央播一粒芽体长势壮的种子，将种子平放，覆盖育苗基质 1.0～1.2 cm，若高温天气播种后需覆盖一层遮阳网降温保湿；若遇到低温天气则需要覆盖一层薄膜保温保湿（图 5-1）。

图 5-1　西瓜穴盘育苗

五、苗期管理

苗期管理要体现“促中有控，促控结合”，以保证苗稳健生长。

播种—出土期：出苗前保持苗床较高温度，一般要求苗床温度保持在28～30℃，促进种子早出芽顶土。种子顶土—子叶平展：适当降低苗床温度，白天保持在18～25℃，晚上保持在16～20℃，防止上胚轴徒长。

第1片真叶长出—3片叶：白天保持在25～30℃，晚上保持16～23℃，促进幼苗生长。移栽前一周适当降温控水炼苗。

1. 水肥管理

西瓜的叶片较大，蒸发力强，故需水量较多。一般可视天气情况每天喷水1～2次，每次浇水又不宜过多，以防天气变坏时湿度过大导致病害发生。浇水一般在上午露水干后进行，若发现幼苗营养不良，叶片发黄或植株瘦小，一周喷洒一次复合肥（15-15-15），浓度控制在0.2%～0.3%，浇肥水后宜再浇一次清水，喷洒叶面，防止西瓜叶片高温烧叶等肥害现象。

2. 苗期病害防治

苗期出现立枯病、猝倒病时要及时防治，用72.2%霜霉威盐酸盐水剂600～800倍液+30%噁霉灵水剂1 500倍液或30%甲霜·噁霉水剂1 000倍液兑水15 L喷施。其次要加强水肥管理，培育壮苗。

六、培育壮苗是小果型西瓜早熟丰产优质的关键

壮苗的标准是苗龄适当，即日历苗龄15～20天，生理苗龄为三叶一心叶。下胚轴粗壮，子叶肥大完整，真叶舒展，叶色浓绿，根系发育良好，不散土团不伤根，幼苗生长大小一致。

第二节　西瓜抗病嫁接育苗技术

一、砧木选择

砧木选择与接穗（西瓜）亲和力强的葫芦或南瓜，葫芦砧木如强根、京欣砧王，南瓜砧木如雪藤木2号、京欣砧4号等。同时应具有极高的亲和性，根系发达，高抗枯萎病、立枯病及根结线虫病等病害。

二、砧木育苗

海南地区西瓜嫁接方法大部分采用插接法，嫁接小果型西瓜时，砧木应与接穗同时播或晚播 1～3 天，砧木种子先用生石灰浸水泡 20 min，然后利用清水把表面黏液洗净，再浸入 55℃温水中搅拌 30 min，让水自然冷却，浸种 5 h，然后置于 30℃恒温箱中催芽。待种子露白后播种于 50 孔穴盘中，砧木苗一叶一心时进行嫁接。根据情况适时选择多效唑或矮壮素对砧木进行控旺处理。

三、接穗育苗

接穗品种采用琼丽、美月等小果型西瓜，西瓜种子可先采用 0.1% 高锰酸钾溶液浸泡 10～15 min，然后取出洗净再浸入 55℃温水中，搅拌 30 min，让水自然冷却，浸种 5 h，经 30℃恒温催芽处理，待种子露白后播种于沙床上，当西瓜苗子叶平展时进行嫁接。

四、嫁接前准备

接穗苗：嫁接前 2～3 天喷施 2% 春雷霉素水剂 800 倍液或 80% 代森锰锌可湿性粉剂 800 倍液等药剂。

砧木苗：嫁接前 2～3 天浇灌 25% 甲霜灵可湿性粉剂 800 倍液、30% 噁霉灵水剂 1 500 倍液等药剂，并在嫁接前一天浇足水。

五、嫁接方法

采用顶插法嫁接，嫁接用具主要有双面刀片、嫁接针。首先用嫁接刀片削去砧木生长点。然后用与接穗下胚轴粗细相同，尖端削成楔形的嫁接针，从砧木一侧子叶的主脉向另一侧朝下 45° 斜插深约 1.0 cm，以隐约可见嫁接针、不刺破茎外表皮为宜，先不要拔嫁接针。用刀片在接穗子叶下 1.0～1.5 cm 处，刀片与接穗茎呈 30°～40°，削成斜面长 0.7～1 cm 的楔形面。迅速拔出砧木上的嫁接针，随即将削好的接穗插入孔中，使之与砧木插孔周围刚好贴合，接穗与砧木子叶呈“十”字形。

六、嫁接后的管理

西瓜嫁接后的成活率高低除与嫁接方法等有关外，嫁接后科学管理非常重要，特别是最初 5 天对苗的成活最为关键，应创造适宜的环境条件加速愈合及幼苗生长。嫁接后管理包括苗床处理、苗床温湿度控制、光照管理、通风管理等。

1. 保温

嫁接后 3 天棚内温度白天 28～30℃，夜晚 20℃左右；3 天后苗床温度保持在白天 26～28℃，夜晚 17～18℃；一周后嫁接苗基本愈合，进行低温炼苗，白天温度 25℃，夜间温度 15℃，10 天后按普通苗床进行温度管理。

2. 保湿

嫁接苗置于苗床后应浇透底水，密闭拱棚 2～3 天，保持棚内空气湿度在 95% 以上。约一周后嫁接苗基本成活，可按正常苗进行湿度管理。

3. 光照管理

嫁接后苗床用遮光物覆盖，防止植株因高温蒸腾过强而引起萎蔫，3 天后可早、晚揭去遮光物，之后视苗情逐渐增加光照，延长见光时间，先是散射光、侧面光，逐渐增加见光量，一周后可以完全撤去遮光物。

4. 通风换气

嫁接后 2 天，苗床需保温保湿，不能通风；3 天后早上、傍晚可揭开薄膜两头换气 1～2 次，每次不超过 30 min；以后逐日延长透气时间，5 天后嫁接苗新叶开始生长，应逐渐增加通风量，7 天后根据实际情况逐渐全天透气，保持一定程度的遮阴；一般嫁接 10 天左右苗基本成活，可按一般苗床进行管理；20 天后可以定植到大田，定植前应炼苗 3～5 天，防止嫁接苗徒长，使嫁接苗适应定植环境。

5. 施肥管理

嫁接苗完全揭膜后，要根据苗生长情况进行及时淋施肥料，避免营养不良造成黄叶。可灌施 0.1% 挪威复合肥（15-15-15）或其他水溶肥；也可喷施叶面肥。

6. 病虫害防治

苗期应注意防治猝倒病、立枯病、疫病、炭疽病等苗期易发病害；虫害主要是防治蚜虫、瓜蓟马、美洲斑潜蝇等。一般在嫁接前 1～2 天喷药一次，移栽前 1～2 天喷一次药。

7. 嫁接苗成活后的管理

砧木切除生长点后，若仍有侧芽陆续萌发，应及时抹除，以防消耗苗体养分，影响接穗的正常生长。抹芽动作要轻，以免损伤子叶和松动接穗。应根据嫁接苗成活和生长状况进行分级排放，分别管理，使秧苗生长整齐一致，提高好苗率。一般插接苗接后 10～12 天，即可判断成活与否。

8. 嫁接苗移植标准

嫁接苗长至二叶一心时移植，嫁接至移植 20～25 天。壮苗的标准是上下胚轴和节间较短，子叶肥大完整，真叶大，伸展正常，叶色浓绿，根系发育良好，营养钵不散，不伤根无病虫害，幼苗生长一致。

西瓜嫁接育苗流程图片见图 5-2～图 5-7。

图 5-2　砧木穴盘育苗

图 5-3　接穗沙盘育苗

图 5-4　保湿遮阴管理

图 5-5　顶插法嫁接

图 5-6　全天透气管理　　图 5-7　炼苗后可移栽

第三节　西瓜地膜覆盖栽培技术

一、地膜覆盖栽培的作用

地膜覆盖即在西瓜生产中，沿着垄面覆盖地膜的一种栽培方式，具有显著的增温保墒、保水保肥、防杂草的作用，因而能加速西瓜幼苗生长，促进根系发育，有利于西瓜早伸蔓、早开花、早坐果，直接体现在可以早熟和丰产。运用地膜覆盖栽培良种西瓜有利于缩短西瓜的成熟期，确保西瓜作物的早熟性与高产性，有效提高瓜农收入。

1. 增温保湿，促进西瓜幼苗生长

地膜覆盖后，可以在不同程度上提高地温，减少水分挥发，营造有利于根系生长的土壤环境。还能改善植株底层光照条件，由于地膜光滑、致密，能反射大量太阳光，被西瓜叶片背面吸收，进而提高叶面的光照吸收强度，促进西瓜幼苗生长。

2. 有效控草，减少病虫害发生

不覆膜种植西瓜若除草不及时，很容易造成杂草丛生，如果此时再喷施除草剂，易造成西瓜药害。覆盖地膜后，多数杂草均被压在膜下面，只要整地细致，地膜盖严，经过数日后草苗即被高温蒸晒枯黄直至干枯死亡，有效控制杂草，减少除草剂的使用。

覆膜后有利于将土壤和地上部西瓜苗隔开，使土壤与地上部的病菌和虫体相互隔绝得不到传播，减少病虫害的发生。例如，覆膜栽培可避免蓟马若虫入土化蛹，减少虫口基数。

3. 早熟优质，增产增收

由于西瓜是喜温作物，生长发育要求较高的温度，所以地膜覆盖对西瓜具有明显的促进早熟优质增产增收效果。在冬春季种植西瓜，地膜覆盖种植一般比不覆盖地膜的西瓜提前 10～15 天成熟，大幅度提早上市时间不但能及早满足消费者的需要，而且早上市的西瓜价格有保障，促进增产增收。

二、地膜覆盖栽培技术要点

1. 地膜的选择

目前市售的地膜有多种规格，厚度有 0.020 mm、0.015 mm、0.008 mm 等，幅宽有 60～300 cm，大部分采用地膜幅宽 100～150 cm。由于西瓜行距较大，幼苗前期生长缓慢，所以一般不选用过宽的地膜。因为如遇持续高温天气，匍匐在膜上的西瓜叶片容易被高温灼伤。因此，应根据西瓜的种植方式等选择地膜。

2. 施足基肥，提前铺设喷带等灌水肥设备

为了保持地膜覆盖的作用，尽量减少地膜破孔，在播种或定植前要一次性施足基肥，同时便于后期水肥管理，提前铺设喷带等水肥管道使西瓜整个生育期肥料供应充足，便于操作。

3. 精细做畦

做畦质量与地膜平整及保温保湿效果有直接的关系。如果畦面有土块、碎石、杂草根等地膜覆盖就不易平整，而且容易造成破损，因此，要求西瓜畦面平整，将畦面上的土块、碎石、杂草根等杂物需要清理干净。

4. 注意防风

尤其是在海边沙地种植西瓜的地块，风大，应采取防风措施，免风吹翻地膜影响西瓜幼苗生长。除了将地膜四周用泥土严密封压以外，覆盖地膜后还应该沿着西瓜沟方向每隔 5 m 左右设置一道挡风矮墙，有条件的地区也可在西瓜田迎风面架设挡风屏障（可用防虫网或遮阳网等材料），这样不仅可以防风，还有防寒的作用（图 5-8）。

图 5-8　架设挡风屏障

5. 改进压蔓留瓜技术

西瓜地膜覆盖栽培时，不可采用开沟压蔓的方式，避免地膜破损过大，影响保温保湿效果。可选用 10 cm 枝条或铁丝折成倒“V”形，在叶柄后方卡住瓜蔓，穿透地膜插入土内，这样既能起到固定瓜蔓的作用，又能避免地膜破损。建议当瓜蔓每伸长 50 cm 左右时便固定一次，直到对爬种植的瓜蔓相互交接为止。

同时，由于覆盖地膜栽培的西瓜生长较快，生育期提前，建议每株西瓜可先后选留 2 个果实。一般在主蔓上选留一个瓜，当第 1 个瓜褪毛后，追施膨瓜肥水时，挑选健壮的一条侧蔓上选留一个瓜。

第四节　西瓜椰糠基质无土栽培技术

无土栽培技术可分成液态无土栽培技术和固态无土栽培技术，固态无土栽培技术现阶段应用较多。无土栽培具有以下优点：①不会受到土壤条件和地域性环境的限定，一切环境都可种植，能够充分提升空间的合理使用率；②选用无土栽培，生长快，生产量高，周期时间短，融合各个生长期的特性，利用密植或立体栽培，能够给予充分的营养、水分等；③无土栽培为作物高产稳产创造优良的环境，不但可提高效益，并且品质极好；④无土栽培可预防重金属离子等的环境污染，避免因土壤传播方式而引起的病害，降低病害的出现概率，预防土壤盐类累积，减少土壤缺素现象，解决土壤连作阻碍（图 5-9～图 5-11）。

图 5-9　椰糠基质袋栽培方式

图 5-10　椰糠塑料盆栽培方式

图 5-11　椰糠基质槽栽培方式

在海南地区西瓜无土栽培主要是以椰糠作为基质进行栽培。种植前可在椰糠混拌过程中添加适量 50% 多菌灵可湿性粉剂或 70% 噁霉灵可湿性粉剂消毒，每立方米添加 100～200 g 即可，基质湿度掌握在 60%～70%。同时建议在椰糠中添加生物有机肥（体积比 1/10）和三元复合肥（15-15-15）2 kg/m^3。

营养液配方，可选择斯泰奈西瓜无土栽培营养液配方。按每 1 000 L 水计算：磷酸二氢钾 135 g，硫酸钾 251 g，硫酸镁 497 g，硝酸钙 1 059 g，硝酸钾 292 g，氢氧化钾 22.9 g，EDTA 铁钠盐 400 mL，硫酸锰 2 g，硼酸 2.7 g，硫酸锌 0.5 g，硫酸铜 0.08 g，钼酸铵 0.13 g。

根据西瓜不同生育期的需肥特点，营养液配方可进行适当调整。苗期以营养生长为中心，对氮素的需求量大，而且比较严格，应增加营养液中的氮量。

其比例可为N：P_2O_5：K_2O=3.8：1：2.76；结果期以生殖生长为中心，氮量应适当减少，磷、钾成分适当增加，其比例可为N：P_2O_5：K_2O=3.48：1：4.6。注意事项：以椰糠为基质栽培小果型西瓜要控制好EC值（可溶性离子浓度）和pH值。一般团棵期EC值控制在2.0 mS/cm，伸蔓期控制在2.3 mS/cm，花期控制在2.6 mS/cm，坐果期控制在2.8 mS/cm，果实膨大期控制在3.2 mS/cm。全生育期pH值控制在5.5～6.5。

第五节　适宜地块的选择及合理整地

精耕作畦，施足基肥。应选择地势稍高、排灌方便、光照充足、土质肥沃且3年内未种过瓜类的沙壤土为宜。结合整地，每亩施商品有机肥600～1 000 kg，过磷酸钙30～40 kg或钙镁磷肥，可适当加入生物菌剂，再加复合肥20～25 kg，施入土壤翻耕起垄。瓜地土壤偏酸时，每亩撒施石灰50～75 kg，以中和土壤酸性。施肥作畦后，装滴灌覆膜，垄面平整后，每垄安装2条微滴灌带，建议滴灌设施主管道铺设在中间位置，向两侧引出滴灌带。每条滴灌带离垄边缘20 cm，带间距60 cm。调试好后覆盖地膜，地膜建议选择上银下黑双色地膜。要求地膜紧贴地面，压平、压紧、压实，以防盖膜后滴灌系统发生问题（图5-12～图5-13）。

图5-12　起垄、铺滴灌带

图5-13　覆膜、安装文丘里施肥器

定植前进行起垄，为了便于田间操作，提高边行栽培效果，如果设施栽培，以8 m宽大棚为基数，棚两侧垄外宽75 cm，中间垄间宽70 cm，其余垄间宽50 cm起垄，每棚4垄。垄的标准为：垄底宽120 cm、垄顶宽100 cm，垄高25 cm，垄面整平。

第六节　适宜苗龄定植

幼苗二叶一心至三叶一心即可定植，定植密度根据栽培习惯而定（图 5-14）。栽培模式有露地匍匐栽培和设施双蔓立体吊蔓栽培 2 种。

露地匍匐栽培实行多蔓整枝，一般采取行距 1.8～2.0 m，株距 50～55 cm，采取多蔓整枝。即在西瓜 7 片叶后掐心，选留 3～4 条健壮侧蔓。若是设施双蔓立体吊蔓栽培，一般采取行距 60～80 cm，株距 50～60 cm，每亩栽植密度为 1 200～1 600 株，每株留瓜 2 个。若单蔓整枝，行距为 60～70 cm，株距 50 cm，栽植密度为 1 600～2 200 株，每株留瓜 1 个。秋冬季选择晴天中午进行，夏秋季选择多云天气或晴天下午 4 时后进行。定植深度以嫁接口略高于畦面为宜。定植后及时浇足定根水，用细土封盖破膜口，避免高温时热气熏蒸茎基部，造成苗损伤（图 5-15～图 5-16）。

图 5-14　定植

图 5-15　露地匍匐栽培

图 5-16　设施双蔓立体吊蔓栽培

第七节　田间高效管理措施

一、肥水管理

小果型西瓜肥水管理要遵循前促、中控、后追的原则。定植缓苗后视苗情和土壤肥力状况酌情追肥。若苗长势较差，可追提苗肥一次，施尿素3～4 kg/亩。伸蔓期要适当控制水分，防止徒长。当80%幼瓜长至鸡蛋大小时浇膨瓜水，随水追施复合肥15～20 kg/亩，以后保持土壤见干见湿。当西瓜长至碗口大小时第2次追肥，亩追施尿素5 kg、硫酸钾10～15 kg，或同含量的氮、钾高含量冲施肥。膨果期间每7天叶面喷施0.1%磷酸二氢钾液一次促进果实快速膨大，形成产量。收获前7～10天控水控肥。

采用水肥一体化进行肥水浇灌，提高肥料利用率及提升西瓜品质。可使用文丘里施肥器随灌水时施入肥料（图5-17）。

图5-17　文丘里施肥器

1. 缓苗肥

定植后至伸蔓前需水量较少，可结合提苗肥适当补充。缓苗后，可冲施氮磷钾平衡型复合肥一次，每亩用量5 kg。

2. 伸蔓肥

在伸蔓期补水的同时冲施高氮速溶性肥料一次，每亩用量10 kg。

3. 稳瓜肥

瓜坐稳后在补水的同时每亩冲施高钾速溶性肥料 10 kg。

4. 膨瓜肥

正常幼果长至鸡蛋大小时，果实开始迅速膨大，植株需肥量逐渐达到全生育期最高峰。此时应重施膨瓜肥，促进果体膨大，并防止早衰。追肥以磷、钾肥为主，少施或不施氮肥，避免氮肥过量而导致西瓜品质下降。瓜膨大期每亩冲施高钾型速溶性肥料 10 kg。

5. 复壮肥

头茬瓜采收后，立即追施速效化肥，结合追肥浇大水一次，每亩冲施高氮型速溶性肥料 10 kg。通过加强管理，补充土壤中的养分和水分，维持植株较强的长势，防止蔓叶早衰。

6. 巧施叶面肥

一般自头茬花期至瓜膨大期，每隔 7～10 天喷施一次 0.3%～0.5% 磷酸二氢钾或其他中微量肥，开花坐果期后每隔 7～10 天喷施糖醇钙（钙含量 180 g/L）800 倍液 + 硼砂 1 000 倍液 2～3 次，糖醇钙每次用量 60 mL/ 亩，硼砂用量 45 g/ 亩，可以增加西瓜抗逆性，提高开花坐果率和果实含糖量，提质增产作用较为明显。

二、施肥注意事项

1. 农家肥要充分腐熟

以稻壳粪、牛羊粪等农家肥为主的基肥，若未经腐熟，使用后易伤根。为了改良土壤，可用发酵羊粪和黄豆饼肥作基肥，效果明显。发酵羊粪有机质含量高，改良土壤效果明显，可大大提高土壤通透性，避免苗期伤根；黄豆饼肥营养丰富，适量使用后可促使西瓜叶片油亮肥厚，增强抗病性。发酵羊粪搭配黄豆饼肥，可以充分发挥各自的优势活化土壤。

2. 用生物菌肥作追肥可提高甜度

目前，在西瓜生产上，大多使用化学肥料，尤其是氮肥用量过多，不仅会导致土壤盐渍化、土壤板结，还会使西瓜含糖量下降，品质降低。而生物菌肥在改良土壤、减少病虫害、改良西瓜品质方面的作用极为明显。

在西瓜膨瓜期，使用生物菌发酵的有机肥，如豆粕、各种动物源下脚料等，既可以补充氮磷钾等无机养分和氨基酸、核苷酸等有机活性物质，又可以补充有益微生物，活化土壤，提高根系吸收能力，延缓早衰，从而改善西瓜品质。有机肥的氮含量较高，追肥时应注意适当搭配高钾肥，如硫酸钾、磷酸二氢钾等，以均衡营养，改善品质。

三、温度管理

西瓜为喜温耐热植物，整个生育期最适宜的温度为25～30℃，适宜温度范围10～40℃，低于5℃发生冷害，高于45℃出现高温生理伤害。种子发芽的最低温度为15℃，最高温度为35℃，适宜温度为28～30℃，幼苗期和伸蔓期适宜温度为22～25℃和25～28℃。15℃时植株生长慢，10℃时生长发育停止；根系生长适宜温度为28～30℃，最低温度为8～10℃，根毛发生最低温度为13～14℃。果实发育适温为28～30℃，温度过低会产生扁圆、皮厚、空心、畸形等果实。全生育期所需大于15℃的有效积温为2 500～3 000℃，其中果实发育需要的有效积温800～1 500℃。

四、水分管理

西瓜喜湿、耐旱、不耐涝，0～30 cm土层适宜的土壤含水量，幼苗期为田间持水量的65%，伸蔓期为70%，果实膨大期为75%左右，土壤含水量低于50%则植株受旱，影响正常生长和果实发育。西瓜要求空气干燥，空气相对湿度以50%～60%为宜。但花期授粉时短时间较高空气湿度有利于授粉、受精。

五、光照管理

西瓜为喜光作物，光照充足，植株生长健壮，节间和叶柄较短，蔓粗，叶片大而厚、浓绿。花芽分化早，坐果率高；生长季节多阴雨。光照弱，植株则出现茎蔓节间变长，叶片变薄色淡，光合能力下降，雌花分化不良，坐果少，果实品质差。光饱和点为80 000～100 000 lx，光补偿点为4 000 lx。植株正常生长发育要求每天10～12 h日照，14～15 h有利于侧蔓形成，8 h可促进雌花形成，但不利于光合产物的积累。

六、整枝打杈

当蔓长30～40 cm后开始进行整枝，小果型西瓜整枝方式多为单蔓整枝、双蔓整枝、三蔓整枝。若是三蔓整枝可选择主蔓和 2 条健壮侧蔓，其余侧蔓全部打掉，第 1 次压蔓在蔓长 40～50 cm，以后每隔 4～6 节压一次，使瓜蔓在田间均匀分布；若是双蔓整枝，除留主蔓外，选留一个侧枝与主蔓平行生长，坐果前摘除其余侧枝，主要在主蔓上结果。若是单蔓整枝，只保留主蔓，其余侧枝一律打掉。当蔓长 50～70 cm 开始引蔓上架，一般用细绳或化纤扎带吊瓜，每隔 30～40 cm 绑扎一次。节瓜前的侧枝要及时清除，以免影响坐瓜。整枝时要注意及时，一般应在坐果前进行。坐果后不再进行整枝，因坐果后植株以果实生长为主，不存在长势太旺的问题，况且少数新发的侧枝还有利于果实的膨大（图 5-18）。

图 5-18　三蔓整枝

七、人工授粉

若是大棚覆盖栽培，棚内没有蜜蜂等昆虫活动，必须进行人工辅助授粉，露地栽培人工授粉可提高坐果率。方法是，人工摘取当日开放的雄花，以花粉涂抹正在开放的雌花柱头上，将花粉在坐瓜节位雌花的柱头上轻轻涂抹，使花粉均匀地散落在柱头上，一般 1 朵雄花可以授 1～3 朵雌花。注意动作一定要轻以避免划伤柱头，花粉涂抹要均匀充分，以防授粉不足或不均造成畸形果。由于上午 7—10 时是雌花柱头和雄花花粉生理活动最旺盛的时期，所以这时也是人工授粉最适宜的时间，也可棚内人工释放蜜蜂授粉（图 5-19）。

图 5-19　人工授粉

遇到低温时要注意授粉质量，如果温度过低会引起雄花无花粉的现象。阴雨天进行授粉应注意：第一，若是露地栽培，要盖严雌花，在雌花未开放之前，用纸帽等不透水物把需要授粉而将要开放的雌花盖住，授粉后仍要套上纸帽，防止淋湿柱头，冲走花粉；第二，提前采集雄花，早晨取当天可以开放的雄花，集中遮雨保存，花开后取其花粉进行授粉，连续阴雨天可于开花前一天下午采摘雄花，加温保存，促进雄花第 2 天早晨开放，待其产生花粉再进行授粉。

人工授粉，要选择节位适宜、子房发育良好的雌花进行，一般选主蔓上的 10～15 节雌花坐果比较合适。坐果靠前靠后，有可能畸形果增加、果皮变厚、着色不均等现象。

（1）雌花的选择　雌花的素质对果实发育影响很大，雌花花蕾发育好、个体大、生长旺盛，授粉后就容易坐瓜并长成优质大瓜。优质雌花具有瓜柄粗、子房肥大、外形正常（符合本品种的形态特征）、皮色嫩绿有光泽、密生茸毛等。因此，授粉时应当选择主蔓和侧蔓上发育良好的雌花。一般主蔓坐瓜较早，侧蔓上的雌花为候补预备瓜。

（2）雄花的选择　雄花是提供花粉的，应选用健康无病、充分成熟、具有大量花粉的雄花。宜就近选择当日开放的同株、异株同品种或不同品种的雄花进行授粉。如果人工授粉的目的是杂交制种，那么雄花应选择预定的父本当日开放的雄花，并且父本、母本的雄花、雌花开放前一天应将花冠卡住或套上纸袋；如果是进行自交保纯，应选择同一品种或同一株当日开放的雌花和雄花进行授粉，同时在该雄花、雌花开放前一天应将花冠卡住或套上纸袋。

八、蜜蜂授粉

根据大棚面积，每亩放置 1 个蜜蜂箱，以熊蜂为好，期间要注意棚内温度，及时通风，使用杀虫剂类农药时需将蜜蜂放出棚外。

九、疏果留瓜

小果型西瓜易坐果，一般应根据栽培需要及时选果，疏掉多余的幼果。三蔓整枝的可留 2～3 个果，单、双蔓整枝的一般留一个瓜。当幼瓜长至鸡蛋大时，选留坐瓜周正、有茸毛、10～15 节位的瓜，其余的瓜全部摘除（图 5-20）。

图 5-20　疏果留瓜

十、套袋吊瓜

当幼瓜长至拳头（褪毛后）时，用尼龙网袋套瓜或水晶绳绑在果柄。吊瓜时注意动作要轻，不要碰伤幼瓜果皮，将尼龙网袋绑于吊挂绳上，以防幼瓜生长重量增大拽断果柄（图 5-21～图 5-22）。

图 5-21　尼龙网袋套瓜

图 5-22　水晶绳吊瓜

第八节 西瓜育苗杯抗逆抗病栽培技术

海南夏秋季阳光强，气温较高，大棚的温度更高，棚内温度高时可达 50℃左右。夏季栽培小果型西瓜，传统的穴盘育苗技术，在移植时，操作不正确时基质球容易松散，根系容易受到损伤，在棚内高温的影响下会导致缓苗慢或引起死苗现象。同时如果后期补苗将会导致整个棚内西瓜长势不齐，造成授粉时间延长，给管理造成很大的困难。为了解决这个问题，我们探索试验了用塑料杯子育苗（也可用大一点的无纺布袋或者可溶解的一次性纸袋育苗），可选择杯口宽 8 cm，高 10 cm，底部宽 5 cm 的育苗杯，选用含有益微生物的育苗基质育苗。育苗基质为团队自主配制的基质，用发酵好的椰糠木霉发酵物 + 有机肥 + 育苗基质（培蕾）按比例 8∶1∶2 配比，育苗杯装满混配基质后放在专用育苗杯架上，不接触地面，这利于根系生长在杯里，也可以减少枯萎病等土传病害的侵染，同时每杯加适量吡虫啉颗粒防治虫害。待西瓜苗长出二叶一心时即可定植，定植时把杯底减去，放好，下次还需要用，然后连苗带杯按照株距 35 cm 定植，此方法种植西瓜，不存在缓苗期，苗长势整齐，抗逆性强（图 5-23）。

图 5-23 西瓜育苗杯栽培技术

椰糠木霉发酵物制备：将配制好的木霉菌孢子悬浮液 1×10^8 cfu/mL，接种到椰糠中（平均 1 L 椰糠中加入 100 mL 木霉菌孢子悬浮液），调节其含水量为 60%，充分混匀后置于 30℃条件下发酵 15 d 左右，椰糠木霉发酵物的最终孢子浓度为 1×10^8 cfu/mL。

第六章 西瓜病虫害识别与防控

应贯彻“预防为主、综合防治”的植保方针，推广绿色防控技术，健康栽培，提高地力，清除病虫源，注意保护天敌，侧重使用物理防治和生物防治等非化学措施，关键时期精准使用高效低毒化学农药。最后一次用药与收获期的时间间隔应符合国家相关规定的安全间隔期。应选用对天敌、环境与产品影响小的低毒药剂，鼓励选用微生物源、植物源和矿物源农药，鼓励使用诱虫灯、色板、防虫网等无公害措施，达到生产安全、优质的无公害生产目的。不应使用国家明令禁止的高毒、高残留农药及其混配药剂。

第一节 主要病害识别与防治

一、西瓜猝倒病

1. 发病症状

猝倒病主要发生在苗期，发病初期在幼苗茎基部生出黄色或黄褐色水浸状缢缩病斑，导致幼苗猝倒，一拔即断。染病后该病在苗期发展较快，一经发病，叶片尚未凋萎，幼苗即猝倒死亡。湿度大时，在发病部位或周围的土壤表面可生出一层白色棉絮状白霉（图 6-1）。

图 6-1 西瓜猝倒病

2. 病原菌

引起西瓜猝倒病的病原菌是瓜果腐霉，属鞭毛菌亚门真菌。菌丝体生长繁茂，呈白色棉絮状；菌丝无色，无隔膜。孢子囊丝状、分支裂瓣状或呈不规则膨大。泡囊球形，内含游动孢子。藏卵器球形，雄器袋状至宽棍状，同生或异丝生，卵孢子球形，平滑。

3. 发病规律

病菌以卵孢子在表土层越冬，可在土壤中长期存活。遇到适宜条件萌发产生孢子囊，以游动孢子或直接长出芽管侵入寄主。病原菌生长适宜温度15～16℃，温度高于30℃受到抑制，育苗期出现低温、高湿条件有利于发病，该病主要在幼苗长出1～2片真叶期发生，3片真叶后，发病较少。

4. 防治方法

建议选用穴盘进行育苗，可大大减少猝倒病的发生和为害。同时选用的育苗基质在装好穴盘后，播种前，可选用70%敌磺钠可溶粉剂800倍液或95%噁霉灵原药1 500倍液进行淋灌，可有效预防猝倒病等苗期病害的发生。

苗期发病初期，可选用68%精甲·锰锌水分散粒剂800倍液、72.2%霜霉威水剂800倍液、58%甲霜·锰锌可湿性粉剂800倍液或30%噁霉·甲霜水剂1 500倍液等进行喷施防治，每隔7～10天喷一次，连喷2～3次。

二、西瓜白粉病

1. 发病症状

白粉病主要为害叶片，叶片发病，初期叶面或叶背出现近圆形白色小粉点，发展后粉斑迅速扩大连片，上面布满白色粉末。严重时全叶布满白粉。后期病叶枯黄、卷缩，一般不脱落（图6-2）。

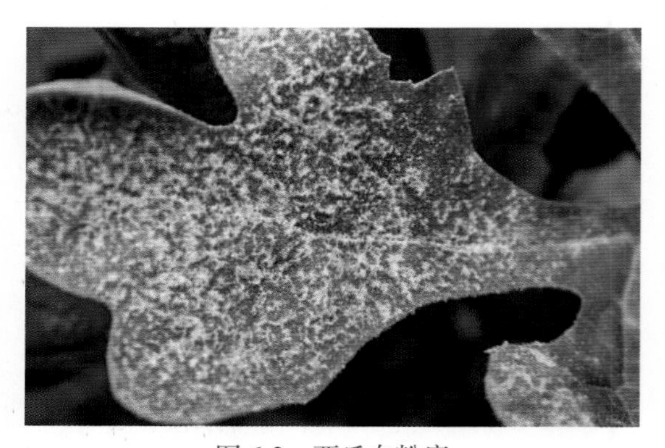
图6-2　西瓜白粉病

露地西瓜在夏季发病，塑料大棚等保护地西瓜全年都可发病，以生长中后期发生重。病原菌在地上越冬，成为翌年初侵染源。病原菌可通过气流进行传播。

2. 病原菌

引起西瓜白粉病的病原菌是瓜类单丝壳白粉菌，属子囊菌亚门真菌。分生孢子梗无色，圆柱形，不分枝，其上着生分生孢子。分生孢子长圆形，无色，单胞，串生（图 6-3）。

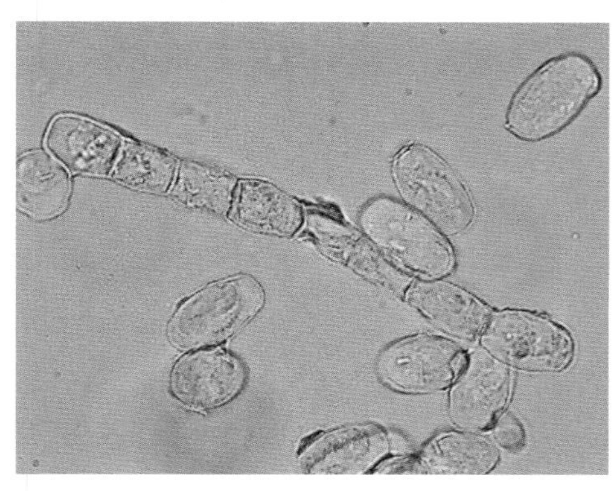
（a）分生孢子梗及分生孢子

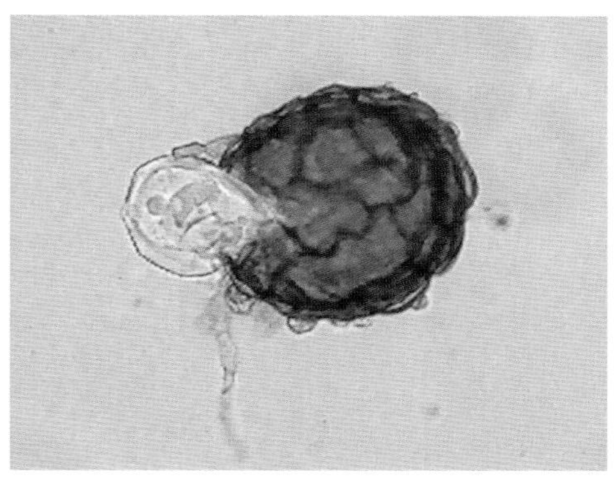
（b）闭囊壳及子囊

图 6-3　瓜类单丝壳白粉菌

3. 发病规律

地势低洼、植株过密、干湿度不合理、偏施氮肥等都会引起病害的高发和流行。适宜病原菌萌发的温度为 20～25℃，高温干旱与高湿条件交替出现时易引发白粉病。高湿环境有利于病菌萌发及侵染，如高湿持续时间过长，反而会抑制病原菌的萌发。

4. 防治方法

可选用 43% 氟菌 · 肟菌酯悬浮剂 15 000 倍液、36% 硝苯菌酯乳油 1 500 倍液、33% 寡糖 · 戊唑醇悬浮剂 1 500 倍液、25% 乙嘧酚悬浮剂 750 倍液或 40% 氟硅唑乳油 6 000～8 000 倍液等喷施防治，每隔 7～10 天喷一次，连喷 2～3 次。

国内白粉病防治药剂大致经历以下 3 个阶段。

第一阶段：以硫黄、石硫合剂、甲基硫菌灵、代森锰锌等无机硫和其他广谱杀菌剂为代表，对白粉病用量大，防效基本在 60% 左右；该类药剂对白粉病几乎无治疗效果，主要用于发病前保护。

第二阶段：以三唑酮、腈菌唑、烯唑醇、苯醚甲环唑、氟硅唑等为代表的三唑类杀菌剂，比第一代杀菌剂对白粉病的活性有较大提高，但该类化合物对病原菌作用位点单一，病原菌对该类药剂有交互抗性。同时该类化合物对植物有刺激性，用量稍大就会抑制植物生长，降低产量。该类药剂防效基本在 70%～80%，效果一般。

第三阶段：以进口吡唑醚菌酯、硝苯菌酯为代表的新化合物种类，作用机理独特，作用位点较多，对白粉病专治性较高、效果可达到 90% 以上；不过由于国内近几年来长期连续使用，已产生明显抗药性，效果有所下降，同时进口药剂成本较高。

三、西瓜斑点病

西瓜斑点病又称尾孢叶斑病、叶斑病和灰斑病等，是各西瓜产区常见的一种真菌病害，一般发病率在 25% 左右，重者可达 60% 以上，严重影响叶片的正常生长以及产量与品质的提升。

1. 发病症状

西瓜斑点病多发生在西瓜生长中后期，主要侵染叶片。发病初期多在叶脉间或叶缘产生略呈水渍状的暗绿色近圆形小型病斑，后可扩展为黄斑密布，并可快速连接成片，短期内即可致使叶片坏死干枯（图 6-4）。

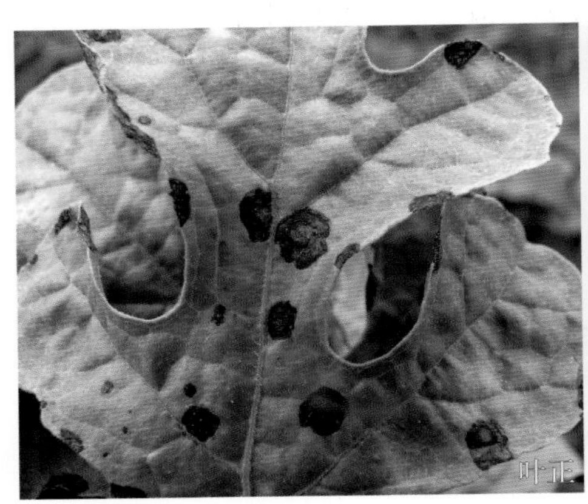

图 6-4　西瓜斑点病

2. 病原菌

引发西瓜斑点病的病原属半知菌亚门真菌瓜类尾孢菌，丛生于叶两面，叶面多，较小的子座时有时无。淡褐色至浅褐色的分生孢子梗簇生，有直或略弯曲，不分枝，具隔膜0～3个，顶端渐细，孢痕明显。无色或淡色的分生孢子倒棍棒状、针状或弯针状，有0～16个隔膜，顶端钝圆尖或亚尖，基部平截。

瓜类尾孢主要以菌丝体或分生孢子在土壤、病残体或种子上越冬，翌年春季产生分生孢子借气流、雨水、农事操作等传播蔓延，从西瓜叶片的气孔或伤口侵入，一周左右即可引发斑点病（图6-5）。

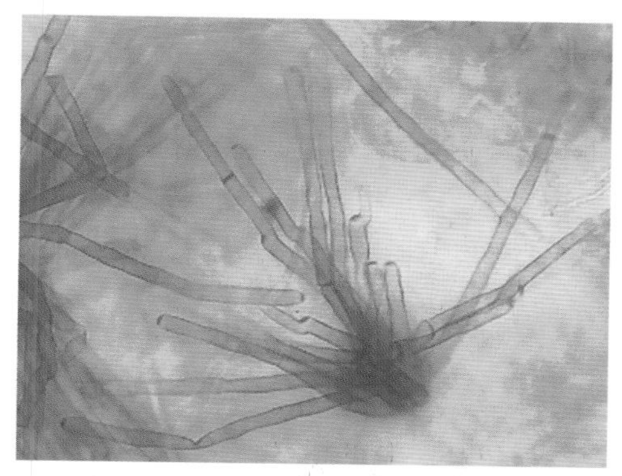

（a）分生孢子梗　　（b）分生孢子

图6-5　瓜类尾孢菌

3. 发病规律

西瓜斑点病发生和流行与西瓜品种、菌源、气候和栽培方式等密切相关，西瓜品种间虽然有一定的抗病性，但瓜类尾孢在10～35℃条件下均能生长发育，而且在高温高湿或阴雨天较多的环境中更加活跃，发病后瓜类尾孢产生新的分生孢子可进行多次再侵染，不断加重斑点病的发生和流行。一般情况下，保护地栽培较露地发生重，特别是平畦种植、大水漫灌、植株缺水缺肥、长势衰弱或保护地通风不良的露地西瓜园，往往较易暴发和流行。

4. 防治方法

针对西瓜斑点病的防治，首先要因地制宜地种植抗病品种，其次选用无病种子，并经50%多菌灵可湿性粉剂500倍液浸种消毒30 min后阴干播种。并在非瓜类作物轮作2年以上的瓜园中以充分腐熟的农家肥作基肥，增施磷、钾肥，严禁大水漫灌。采用高畦地膜覆盖栽培，做到雨停田干，设施栽培要加强通风透气，及时放风排湿。发病初期，可选用50%异菌脲悬浮剂1 500倍液、70%丙森锌可湿性粉剂600倍液、25%嘧菌酯悬浮剂1 200倍液、20%苯醚·咪鲜胺微乳剂3 000倍液、70%甲基硫菌灵可湿性粉剂700倍液等药剂，每10天左右轮换着在叶部正背面各均匀喷雾防治一次，连施2～3次即可。

四、西瓜蔓枯病

1. 发病症状

该病害主要为害茎蔓、叶柄、叶片、果实。幼苗茎基部发病初期呈水渍状小斑，随病情发展，病斑环绕幼茎，后期茎蔓密生小黑粒点，导致茎蔓干枯，引起幼苗死亡。叶柄染病最初着生小黑粒点，下雨后病部腐烂，易折断，后期会有琥珀胶流出。叶片染病，病斑近圆形，深褐色，多具轮纹，后期病斑正面密生小黑点，易穿孔。果实染病，病斑呈油渍状小斑点，随病情发展，表面干裂，内部木栓化（图6-6）。

（a）茎蔓染病

（b）叶片染病

（c）茎蔓琥珀胶流出

图6-6　西瓜蔓枯病

2. 病原菌

西瓜壳二孢（*Ascochyta citrullina*），在PDA培养基上菌落正面近圆形，菌丝灰白色，似轮纹状扩展，菌落背面可见辐射状墨绿色菌丝。分生孢子器近球形，直径大小为65.0～150.0 μm，成熟遇水时释放出大量分生孢子，并可形成孢子链。分生孢子为单胞或双胞，两端钝圆，无色，卵圆形或圆柱形，平均大小为5.2 μm × 2.1 μm（图6-7）。

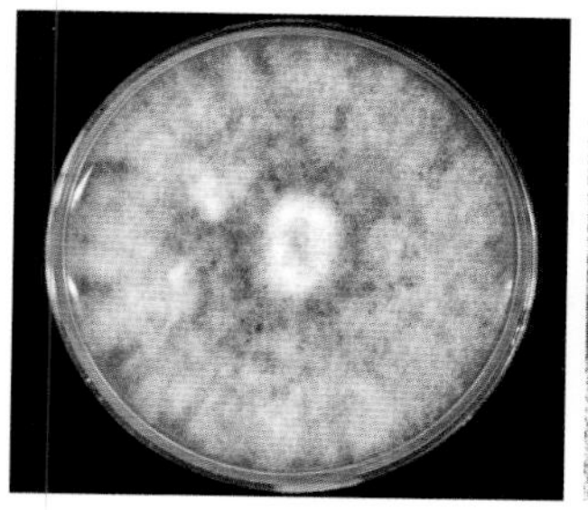
（a）菌落正面

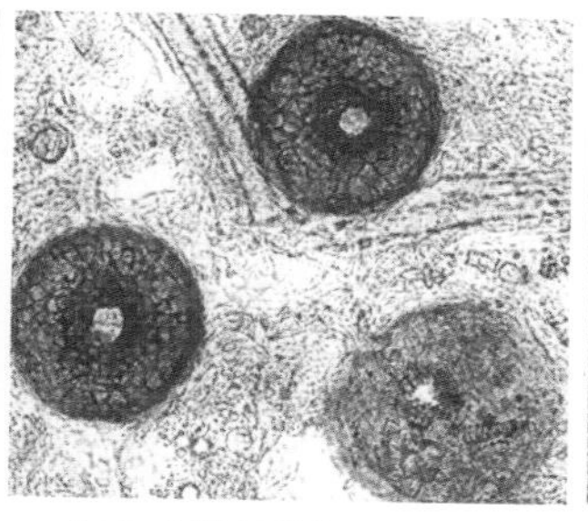
（b）光学显微镜 200 倍下分生孢子器

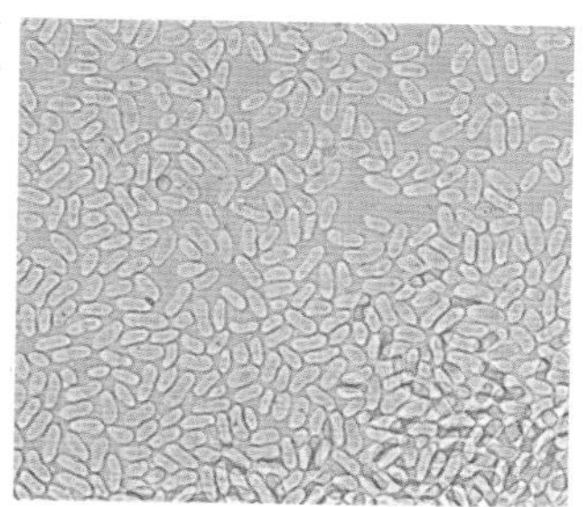
（c）光学显微镜 400 倍下分生孢子

图 6-7　西瓜壳二孢

3. 发病规律

叶片发病一般从叶缘开始侵染，茎秆多从茎基部或分支处侵染。病原菌可在土壤中的病残体上越冬，成为该病的初侵染源。当温湿度适宜时，当年发病叶上产生的分生孢子通过风、雨、喷水及其他农事操作进行传播，进行再侵染，在适宜条件下，该病传播极快，从发病到全株叶片感染只需 2～3 天。温度在 15～25℃范围内，相对湿度越大病害发生越严重。高湿多雨或多露时有利于该病的发生及蔓延。

4. 防治方法

国内对抗蔓枯病的西瓜品种仍然缺乏，尤其是中、小果型西瓜抗蔓枯病品种。由于海南省高温多雨湿度大，这种气候有利于蔓枯病的发生，为了有效控制病害蔓延，在生产中主要以化学防治为主。

增施有机肥，清除病残体，种植期内及时清除田间老弱病叶，在拉秧后及时将田间病残清理并焚烧，减少初始菌源；发病初期，可选用 24% 双胍・吡唑酯可湿性粉剂 1 000 倍液、11% 精甲・咯・嘧菌悬浮种衣剂 1 000 倍液、10% 苯醚甲环唑水分散粒剂 1 000 倍液和 50% 多菌灵可湿性粉剂 800～1 000 倍液，每隔 7～10 天喷雾防治一次，连喷 2～3 次，可达到较好防效。

五、西瓜疫病

1. 发病症状

该病害一般侵害根茎部，茎蔓、叶片和果实。根茎部发病初期，病斑呈暗绿色水渍状，随后病斑迅速环绕茎基部，使其呈软腐状、缢缩、后期植株萎蔫枯死，但叶片呈青枯状，维管束不变色。叶部发病初期病斑水渍状，暗绿色，并迅速扩大为近圆或不规则大型黄褐色病斑，湿度大时，叶片腐烂，病斑干后，叶片极易破碎。茎部发病，病斑纺锤形，水渍状暗绿色，凹陷，后期严重时病部以上茎蔓枯死。果实染病，最初表现为病斑圆形凹陷，水渍状暗绿色，迅速蔓延至整个果面，果实软腐，病斑表面长出一层稀疏的白色霉状物（图 6-8）。

图 6-8　西瓜疫病

2. 防治方法

农业措施。与非葫芦科作物轮作，采用高畦栽培，覆盖地膜可阻挡土壤中病原菌的地上传播，及时排除积水，施足腐熟有机肥，增施磷、钾肥，促进植株生长健壮，提高植株抗性；及时整枝，适时采收，及时摘除病叶、病果，集中烧毁或沤肥。培育无病壮苗。采用穴盘育苗基质育苗，定植时选无病壮苗，定植前喷一次药，可选 58% 甲霜·锰锌可湿性粉剂 500 倍液或 50% 甲基硫菌灵 800 倍液，保护根系。改善栽培措施，采用膜下滴灌的栽培方式，降低湿度；发病初期，及时摘除病叶、病果，降低菌源量。

晚疫病的预防技术——种子消毒。种子用 50℃温水浸泡 20～30 min。播种前对种子进行处理，可有效减少病原菌基数，防止其为害种子及幼苗。

喷药防治。当田间发现病株时及时喷药防治，可提高防治效果。药剂有 687.5 g/L 氟菌·霜霉威悬浮剂 1 500 倍液和 50% 烯酰吗啉可湿性粉剂 800 倍液等进行叶面喷雾，也可选择 40% 乙膦铝可湿性粉剂 250 倍液、25% 甲霜灵可湿性粉剂 800 倍液、64% 噁霜·锰锌可湿性粉剂 400 倍液、72.2% 霜霉威盐酸盐水剂 800～1 000 倍液、27% 氢氧化铜水分散粒剂 400 倍液或 58% 甲霜·锰锌可湿性粉剂 500 倍液，每 5～7 天喷一次，连喷 2～3 次。

六、西瓜炭疽病

1. 发病症状

该病害主要为害叶片，也可为害茎蔓、叶柄和果实。幼苗受害，子叶边缘出现圆形或半圆形褐色或黑褐色病斑，外围常有黑褐色晕圈，其病斑上常散生黑色小粒点或淡红色黏状物。近地面茎部受害，其茎基部变成黑褐色，缢缩变细猝倒。瓜蔓或叶柄染病初为水浸状黄褐色长圆形斑点，稍凹陷，后变黑褐色，病斑环绕茎一周后全株枯死。叶片染病，初为圆形或不规则形水渍状斑点，有时出现轮纹，干燥时病斑易破碎穿孔。潮湿时病斑上产生粉红色黏稠物。果实染病，初为水浸状凹陷形褐色圆斑或长圆形斑，多龟裂，湿度大时斑上产生粉红色黏状物（图 6-9）。

图 6-9　西瓜炭疽病

2. 病原菌

西瓜炭疽病是由刺盘孢属（*Colletotrichum* spp.）真菌侵染所致，属半知菌亚门。分生孢子圆柱形，无色，单胞，内含颗粒状物正直或微弯曲；刚毛单生或散生于分生孢子盘体内或周围，暗褐色，基部略粗，顶部较尖，正直或微弯（图 6-10）。

3. 防治方法

（1）选用抗病品种。

（2）选用无病种子或进行种子消毒　55℃温水浸种 15 min 后冷却，或用 40% 福尔马林 150 倍液浸种 30 min 后用清水冲洗干净，再放入冷水中浸泡 5 h，西瓜品种间对福尔马林敏感程度有差异，最好先少量试验，避免产生药害。也可用 11% 精甲・咯・嘧菌悬浮种衣剂对西瓜种子包衣。

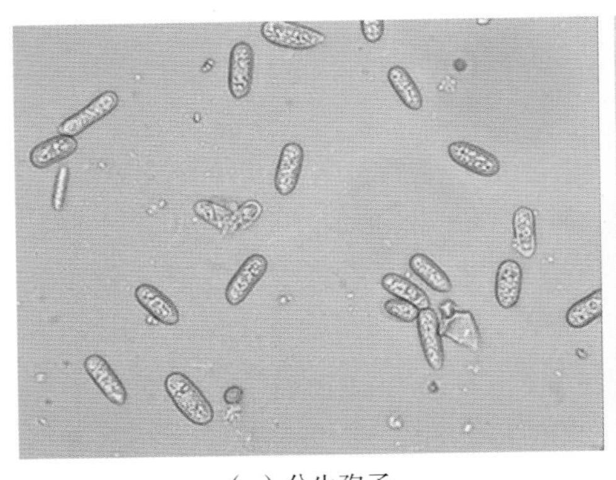
（a）分生孢子

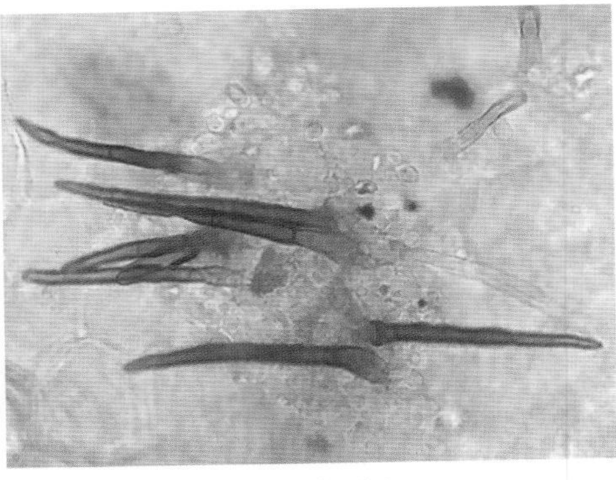
（b）褐色刚毛

图 6-10 刺盘孢

（3）与非瓜类作物实行 3 年以上轮作。

（4）加强管理 采用配方施肥，施用充分腐熟的有机肥，选择沙质土，注意平整土地，防止积水，雨后及时排水，合理密植，及时清除田间杂草。

（5）药剂防治 在发病初期，可喷洒 10% 苯醚甲环唑水分散粒剂 1 000 倍液或 50% 咪鲜胺可湿性粉剂 1 500 倍液。此外，还可选用 80% 福・福锌可湿性粉剂 800 倍液、2% 嘧啶核苷类抗菌素水剂 200 倍液，隔 7～10 天喷施一次，连续防治 2～3 次。

七、西瓜灰霉病

1. 发病症状

（1）叶片染病多始自叶尖，病斑呈“V”形向内扩展，后期生有灰霉枯死。

（2）植株上部叶柄及嫩茎发病，病部缢缩，其上密生灰霉。

（3）病菌多从寄主伤口或衰老的器官及枯死的组织侵入，蘸花是主要的人为传播途径。

（4）果实染病青果受害重，残留的柱头或花瓣多先被侵染或向果面、果柄扩展，致果皮呈灰白色，软腐，后长出大量灰绿色霉层。

（5）病果上霉层为分生孢子，借助气流可进行再侵染。

2. 发病规律

花期是侵染高峰期，果穗膨大期浇水后是烂果高峰期，存活能力强：分生孢子在自然条件下经 138 天仍有萌发能力，借助气流可远距离传播。侵染时间长：灰霉病在植株生长衰弱时最易感病，而进入结果期恰恰是植株长势弱的时候，从幼果期到生长后期均易发病。扑杀难度大：该菌是寄生性较弱的病原菌，腐生性较强，存在于棚内各个角落，很难只喷几次药就将灰霉菌消灭。发育适温 20～23℃，对湿度要求很高，一般 12 月至翌年 5 月，气温 20℃左右，相对湿度持续 90% 以上的多湿条件下易发病。初侵染源：以菌核在土壤中或菌丝及分生孢子在病残体上越冬或越夏，春季条件适宜时菌核萌发，产生分生孢子。传播途径：分生孢子借气流、雨水、露珠及农事操作进行传播。

3. 综合防治方法

（1）降低湿度　植株间合理种植，使植株间通风透光，采用高畦或起垄栽培，进行地膜覆盖；浇水宜在上午进行，发病初期适当节制浇水，严防过量，防止结露。

（2）摘除病果　摘除幼果上残留的花瓣和柱头可有效防治灰霉病传播，发病喷药后及时摘除病果、病叶和侧枝，放在塑料袋中集中烧毁或深埋，严防乱扔，造成人为传播。

（3）药剂防治　发病初期可选用 50% 啶酰菌胺水分散粒剂 1 500 倍液、50% 腐霉利可湿性粉剂 800 倍液进行叶面喷雾，每隔 7～10 天喷一次，连喷 3～4 次。

目前防治灰霉病的杀菌剂主要有以下几类。

第一类是苯并咪唑类杀菌剂，包括苯菌灵、多菌灵、甲基硫菌灵等，是防治灰霉病应用最早的一类内吸性杀菌剂。但已经产生严重的抗药性，达不到满意的防治效果。

第二类是二甲酰亚胺类杀菌剂，如腐霉利、异菌脲等，有抗性菌株出现，该类药剂应注意田间施用年限及次数。

第三类是氨基甲酸酯杀菌剂及其复配剂，主要为乙霉威、硫菌·霉威、多霉灵等。由于氨基甲酸酯类与苯并咪唑类呈负交互抗性，乙霉威可以与多菌灵制成混剂用，防治蔬菜灰霉病效果显著。但目前我国也发现多菌灵 - 乙霉威双重抗性菌株，建议考虑乙霉威与其他药剂轮用。

第四类嘧啶类杀菌剂，主要为嘧霉胺和嘧菌环胺，该类杀菌剂是蛋氨酸生物合成抑制剂。嘧霉胺在 20 世纪末才投入使用，但相关研究表明，目前已产生了抗性问题，应注意科学合理的使用。

第五类甲氧基丙烯酸酯类杀菌剂，主要为嘧菌酯和醚菌酯。该类杀菌剂的作用机制是通过束缚致病菌的细胞色素 bc1 复合体外的对苯二酚氧化位点，达到阻滞电子传递的效果，导致 ATP 合成量大幅降低，从而达到杀菌的效果。但目前也已发现了对灰葡萄孢的抗性，应注意合理使用。

第六类其他新型杀菌剂。如酰胺类杀菌剂（啶酰菌胺）、苯基吡咯类（咯菌腈）等，近期，国内外均报道了有关此类新型药剂的抗性菌株，建议与其他药剂交替使用。

第七类是抗生素类杀菌剂，如多抗霉素、木霉菌等，该类杀菌剂防治灰霉病效果良好。

八、西瓜叶枯病

1. 发病症状

该病害可为害叶片、茎蔓、果实。子叶染病初期，病斑圆形或半圆形水浸状小点，淡褐色至褐色，后期扩展到整片子叶后导致干枯。真叶染病初期，病斑在叶背面叶缘或叶脉间，出现明显的水浸状小点，湿度大时可使叶片失水青枯，湿度小、气温高，易形成圆形至近圆形褐斑布满叶面，后融合为大斑，形成枯叶现象。茎蔓染病，病斑梭形或椭圆形稍凹陷。果实染病，在果面上出现四周稍隆起的圆形褐色凹陷斑，可逐渐深入果肉引起腐烂，湿度大时病部长出灰黑色至黑色霉层（图 6-11）。

2. 病原菌

瓜链格孢（*Alternaria cucumerina*），分生孢子梗从菌丝上产生，直立或弯曲，有隔膜，淡褐色，具 1 至数个孢痕，大小为（55.0～90.8）μm×（4.8～8.0）μm。分生孢子单生，倒棍棒状或卵形，淡褐色至褐色，部分孢子表面具刺疣，具 5～10 个横隔膜，1～6 个纵、斜隔膜，孢身为（47.5～83.5）μm×（15.5～23.0）μm，分生孢子具丝状长喙（图 6-12）。

图 6-11　西瓜叶枯病

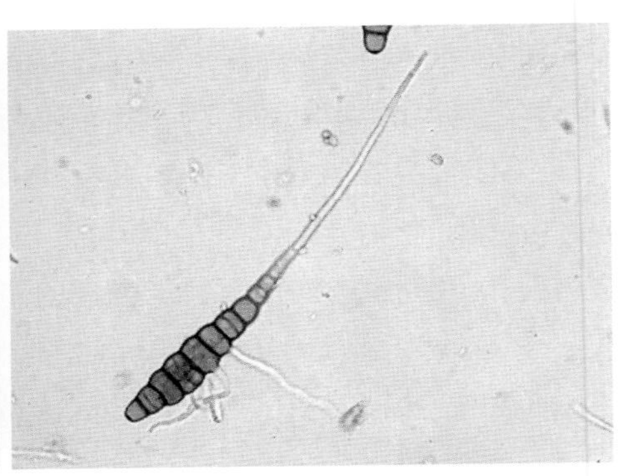

图 6-12　瓜链格孢分生孢子

3. 防治方法

（1）选用适宜抗病品种，绿皮、花皮品种较抗叶枯病。

（2）种子消毒　种子用 55℃温水浸种 15 min 后，再用 75% 百菌清可湿性粉剂或 50% 异菌脲可湿性粉剂 1 000 倍液浸种 2 h，冲净后催芽播种。

（3）采用配方施肥技术，避免偏施过量氮肥。

（4）清洁田园　西瓜收获后要及时清理田园，清除病残体，集中烧毁或深埋，同时要翻晒土地，减少初侵染源。

（5）化学防治　发病初期或降雨前可喷施 75% 百菌清可湿性粉剂，500～600 倍液或 50% 异菌脲可湿性粉剂 1 000 倍液，发病后或湿度大时可喷施 80% 代森锰锌可湿性粉剂 600 倍液或 50% 腐霉利可湿性粉剂 1 500 倍液，每隔 5～7 天喷一次，连喷 3～4 次。

九、西瓜枯萎病

1. 发病症状

西瓜枯萎病也被称为蔓割病、走藤死，开花坐果期是发病高峰，此时的温度高、湿度大。苗期发病时，茎基部变褐色且皱缩，子叶、幼叶萎缩下垂，之后整株倒下，1 天后死亡。西瓜伸蔓期至结瓜期发病最为严重，发病前期，主要症状为叶片自下而上全部萎蔫，白天正午气温高时更为显著，早晨夜晚温度偏低时恢复，经数日反复后叶片萎蔫蔓延至整个西瓜植株，最终干枯而死。患病后期藤蔓基部皮层纵裂，通常有淡红色胶状汁液流出，受害的茎部变深褐色。湿度增加时，瓜蔓呈水渍状腐烂，患病部位有粉色或红色霉层出现（图 6-13）。

（a）苗期

（a）结果期

图 6-13　西瓜枯萎病

2. 病原菌

病原菌菌丝无色，多分枝，具隔膜；产孢细胞为单瓶梗，结构简单，产孢梗短，直立，无色，不具隔膜；典型的小型分生孢子数量多，小型分生孢子假头状着生，卵圆形至椭圆形，大小为（6.3～13.8）μm×（2.5～4.0）μm；大型分生孢子有或无，镰刀形或梭形，美丽型，向两端渐尖，足细胞明显，多为2～4个隔膜，大小为（18.6～37.8）μm×（2.5～4.5）μm；厚垣孢子多顶生，单生或串生，黄褐色，球形或近球形（图6-14）。

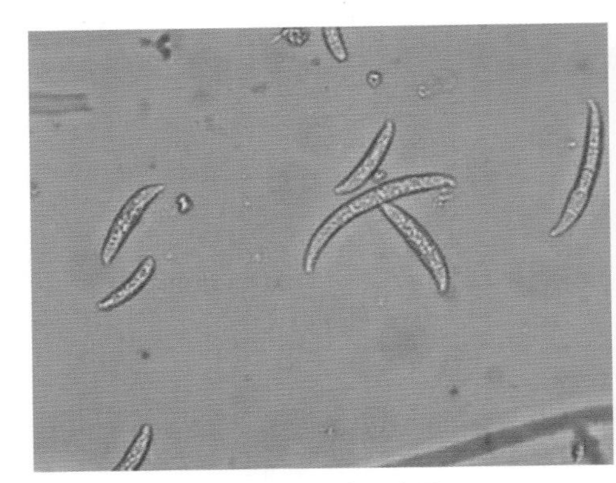

（a）镰刀形分生孢子　（b）卵圆形至椭圆形小型分生孢子

图6-14　镰刀菌

3. 发生条件及发病规律

枯萎病的致病菌是尖孢镰刀菌，主要通过土壤传播，也可附着在种子上传播，其在土壤中过冬，可存活10年之久，但在水中生活期限较短。发病适宜温度为24～34℃，湿度大时易发生病害，且病情较重，在偏酸性土壤中发病较重。此外，地势较低、排水不畅通、施用未腐熟的肥料均会加重或诱发枯萎病的发生。在适宜的环境下，病原菌经过休眠后萌发的芽管可从根的伤口表面、根尖的根冠区侵染植株，也可以由茎底端的裂痕处侵染。侵入后向上侵害茎部组织，通过菌丝体扩大、孢子繁殖阻塞导管的方式扰乱植物的代谢活动，不能输送水和无机盐，最终导致植株枯死。也有学者认为病菌分泌毒素破坏细胞质膜是引起发病的主要原因。

4. 综合防治方法

（1）水旱轮作　西瓜枯萎病菌在水中存活期相对较短，不适应水中环境，因此，水旱轮作的种植模式是预防西瓜枯萎病的最佳途径，一般旱地种4年，水田种 2 年。

（2）嫁接栽培　西瓜抗病性弱，故用南瓜或葫芦作砧木嫁接，也是目前防治枯萎病蔓延的有效方法。

（3）种子消毒　可用 25 g/L 咯菌腈悬浮种衣剂、5% 氨基寡糖素水剂或 50% 福美双可湿性粉剂处理，使用剂量为种子质量的 0.4%～0.5%。

（4）药剂防治　在种植前进行土壤消毒，可选用 50% 氰氨化钙颗粒剂、42% 威百亩水剂等土壤消毒剂，能有效防治西瓜枯萎病；或发病初期在病株周围采取灌根处理，可选用 70% 敌磺钠可溶性粉剂 1 000 倍液，每穴浇灌 500 mL，62.5 g/L 精甲·咯菌腈悬浮种衣剂 1 000 倍液灌根，50% 福美双可湿性粉剂 1 500 倍液灌根或 50% 咪鲜胺乳油 2 000 倍液灌根。还可与喷雾的方法相结合。

预防的处理措施主要有灌根处理和叶面喷雾处理。

（1）灌根处理　移栽后的第 2 天可用 62.5 g/L 精甲·咯菌腈悬浮种衣剂 10 mL+ 乌金绿（生物黄腐酸钾）有机水溶肥料 100 mL 兑水 15 L 灌根；或 41% 唑醚·甲菌灵悬浮种衣剂 10 mL+ 中微量元素水溶肥（途保康）25 mL 兑水 15 L 灌根。

（2）叶面喷雾处理　在幼苗时期务必保证用药的安全性和高效性，可选用 60% 唑醚·代森联水分散粒剂 750 倍液或 30% 噻唑锌悬浮剂 800 倍液与 50% 啶酰菌胺 1 000 倍液混配进行叶面喷施。

十、西瓜三叶枯病

1. 发病症状

西瓜三叶枯病主要发生在茎蔓中部或瓜蔓顶部倒三叶附近的 3～4 片叶，发病初期呈褐色斑点状，不规则形，然后叶片迅速变枯如鸡爪状，湿度大时变黑枯；病健部界限明显，几个病斑汇合成大斑，致叶片干枯卷曲。该病害的发生严重影响瓜的产量，大部分发生在幼瓜坐果期，而且是幼瓜的主要功能叶容易发病（图 6-15）。

2. 病原菌

查阅相关资料，有学者鉴定引起西瓜三叶枯病的病原菌为极孢属（*Cacumisporium capitulatum*）。并采用含毒介质法，进行了 8 种药剂对该菌的毒力测定，结果表明：异菌脲和代森锰锌抑菌效果较好。

图 6-15　西瓜三叶枯病

十一、西瓜绵疫病

1. 发病症状

西瓜果实膨大期容易发病，尤其是爬地种植模式的西瓜，由于地面湿度大，靠近地面的果面由于长期受潮湿环境的影响极易发病。果实上先出现水渍状病斑，而后软腐，湿度大时长出白色绒毛状菌丝，后期果实腐烂有臭味（图 6-16）。

图 6-16　西瓜绵疫病

2. 病原菌

该病由瓜果腐霉引起的病害，属于鞭毛菌亚门真菌，菌丝无色、无隔。

游动孢子囊呈棒状或丝状，分枝列瓣状，不规则膨大。藏卵器球形，雄器袋状。卵孢子球形，厚壁，淡黄褐色。

3. 发病规律

病原菌以卵孢子在土壤表层越冬，也可以菌丝体在土中营腐生生活，遇到温湿度适宜时卵孢子萌发或土中菌丝产生孢子囊萌发释放出游动孢子，借雨水或浇水时溅射到幼瓜上引起侵染。当田间高湿或积水时容易诱发该病害。通常地势低洼、土壤黏重、雨后容易积水或浇水过多，田间湿度大等均有利于发病。

4. 防治方法

（1）轮作改良　有条件的可与水稻、玉米等作物轮作，同时增施有机肥改良土壤。

（2）高垄覆膜栽培　采用高畦覆膜栽培，同时采用水肥一体化，避免大水漫灌，减少田间湿度。

（3）药剂防治　发病初期，可选用 440 g/L 精甲·百菌清悬浮剂 1 000～2 000 倍液、60% 唑醚·代森联水分散粒剂 800～1 000 倍液或 72.2% 霜霉威水剂 800 倍液进行喷雾，根据病情 5～7 天喷施一次。

十二、西瓜根结线虫病

1. 发病症状

主要发生在根部的须根或侧根上。须根或侧根染病后产生瘤状大小不等的根结。形如鸡爪状，瘤状物有时串生，使根肿大粗糙。初期的根瘤为白色，光滑质软，后转呈黄褐色至黑褐色，表面粗糙甚至龟裂，严重时腐烂。地上部表现症状因发病的轻重程度不同而异，轻病株症状不明显，重病株生长不良，叶片中午萎蔫或逐渐枯黄，植株矮小，生长不良，结实少，发病严重时，植株枯死（图 6-17）。

图 6-17　西瓜根结线虫病

2. 根结线虫形态特征

雌虫：雌虫寄生在寄主根内，呈鸭梨形或卵形。雄虫：雄虫成线状，无色透明，尾梢钝圆，主要生活在土中。卵囊：棕黄色，胶质，一个卵囊内含有 100～300 粒卵（图 6-18）。

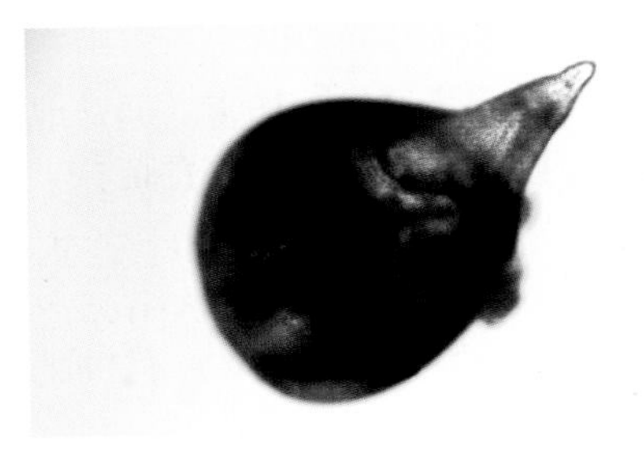

（a）雌虫

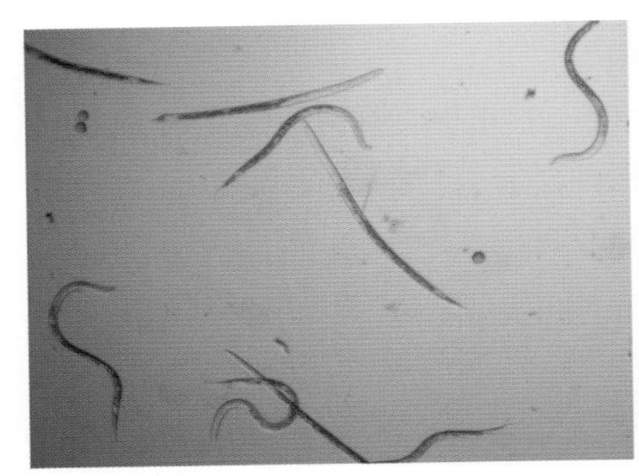

（b）雄虫

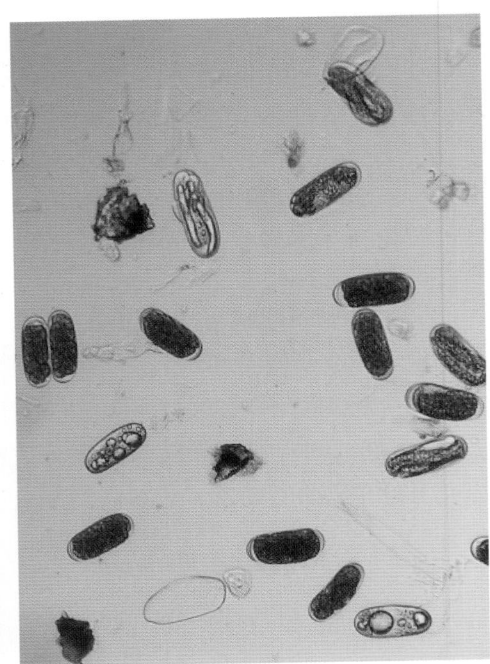

（c）卵囊

图 6-18　根结线虫

3. 发病规律

主要由南方根结线虫、象耳豆根结线虫侵染所致。根结线虫以 2 龄幼虫或卵随病残体在土中越冬，线虫在病根根部生存繁殖并靠病土、病苗及灌溉水传播。条件适宜时，2 龄幼虫接触作物根部后大多从根尖部侵入，定居在根块生长锥内。最后，线虫在病体内取食、生长发育，并能分泌出刺激物质，使植株根部细胞剧烈增生形成根结。

（1）适宜条件（土温 25～30℃，土壤持水量 40%），根结线虫大量活动，造成根结迅速增生，植株生长受到抑制，地上部枯萎。

（2）病苗是根结线虫病传播的重要途径，所以，防治上提倡严把育苗关，培育无病苗，避免定植病苗。

4. 防治方法

（1）根结线虫病的调控技术　轮作、嫁接诱抗，与非寄主作物轮作 2～3 年，降低土中根结线虫量，减轻对下茬的为害。可与玉米、葱、韭菜、蒜等作物轮作，可降低土壤中线虫基数；或利用抗病砧木进行嫁接育苗，诱导增强抗病性。

（2）根结线虫病的预防技术　严把育苗关，由于带病土壤、粪肥、农事操作是线虫的重要传播途径，所以，换茬后从源头上抓起，严把播种育苗关。

（3）根结线虫病的药剂防治　移栽前每亩用 10% 噻唑膦颗粒剂 2 kg 拌细干土 40～50 kg，均匀撒于土表或畦面，再翻入 15～20 cm 耕层；或 10% 噻唑膦颗粒剂 2 kg 拌细土 20 kg 均匀撒在沟内或定植穴内。

未进行噻唑膦药剂土壤处理的，可在移栽缓苗后使用 1.8% 阿维菌素乳油 2 000 倍液或 41.7% 氟吡菌酰胺悬浮剂（按推荐用量）灌根。

十三、西瓜细菌性果斑病

瓜类细菌性果斑病（BFB）是一种毁灭性的种传细菌性病害，危害西瓜产业发展，是我国的检疫性病害。

1. 发病症状

幼苗期，细菌最先侵染西瓜子叶，子叶受害时出现水渍状斑点，有的向子叶基部延伸为暗棕色病斑，引起子叶扭曲，有的出现在叶缘，最后发展为黑褐色坏死病斑。在真叶感病时，出现暗褐色小病斑，周围有黄色晕圈，且会受到叶脉的限制，使病斑形成不规则的狭长形状。果实在成熟期症状表现最为显著，果皮表面出现数个水渍状绿褐色的小斑点，且随果实生长而不断扩大，成为不规则的橄榄色大斑点。病斑上常会分泌褐色的脓状物，散发腐臭味（图 6-19）。

2. 病原菌

西瓜细菌性果斑病是由燕麦嗜酸菌西瓜亚种（*Acidovorax avenae* subsp. *citrulli*）引起的一类种传病害，该细菌属薄壁菌门（Gracilicutes）假单胞菌科（Pseudomonaceae）噬酸菌属（*Acidovorax*），革兰氏阴性，绝对好氧。菌体短杆状，大小为（2～3）μm ×（0.5～10）μm；有 1 根极生鞭毛，鞭毛长 4～5 μm；无芽孢，严格好氧，属 rRNA 组 I，不产生荧光和其他色素，不产生精氨酸水解酶，明胶液化力弱，氧化酶和 2- 酮葡糖酸试验阳性。在 KB 培养基上 28℃培养 2 天，菌落乳白色，圆形、光滑、全缘、隆起、不透明。菌落直径 1～2 mm，无黄绿色荧光，对光观察菌落周围有透明圈。

（a）叶片发病症状

（b）果实发病症状

图 6-19 西瓜细菌性果斑病

3. 发生条件及发病规律

西瓜细菌性果斑病的病原菌是燕麦噬酸菌西瓜亚种，种子带菌是该病的主要传播方式。病原菌可附着种子表面、侵入种子内部或土壤表面的病残体上越冬，成为来年的初侵染源。通过农事操作和借助昆虫、风力、雨水传播，病叶和病果上的病菌成为再侵染源。高温和高湿是该病害易发病的环境条件，特别是夏季炎热或暴风雨时，有利于病原菌在叶片和果实上的繁殖。

4. 综合防治方法

（1）加强检疫　封禁病区的种源，发现病种应在当地销毁，严禁外销，从无病区引种，使用经种质检测无菌的种子进行原种和商业种子生产。

（2）选择抗病品种　三倍体西瓜较二倍体西瓜抗病。

（3）种子消毒　种子处理的方法主要有温汤浸种及种子药剂处理，采用 50～55℃温水处理种子，药剂处理中常用的为 1% HCl 处理 15 min，625 倍液过氧乙酸处理 30 min，100 倍液双氧水处理 30 min 或 2% 春雷霉素水剂 800 倍液处理 30 min 可以有效降低幼苗的发病率。

（4）农业防治　选取健康、洁净的种子种植，种子在从来没有发生过 BFB 的地区获得多年未种过瓜或者其他葫芦科作物的地块，并与其他瓜田隔离，以免相互传染及时排除田间积水；合理轮作，与非瓜类作物实行 2 年以上轮作；育苗场地宜选择通风干燥未种过瓜或者近 3 年未种过瓜和其他葫芦科作物的地块，播种前土壤要进行消毒，苗床所有设备均应消毒后再使用。田间管理时期合理整枝，减少伤口，及时清除病株及疑似病株并销毁深埋。

（5）药剂防治　西瓜细菌性果斑病主要是用抗生素类和铜制剂来进行防效，不过防治效果一般，目前生产上还没有特效的药剂，防治药剂和方法仍然在进一步的探索之中。

生物防治：在瓜类细菌性果斑病的发病初期选用3%中生菌素可湿性粉剂800倍液，1亿cfu/g枯草芽孢杆菌微囊粒剂800倍液或5亿cfu/g荧光假单胞杆菌颗粒剂1 000倍液进行叶面喷施，间隔5～7天喷施一次，连续喷施3次，具有较好的预防效果。

化学防治：发病初期或未发病前可选用77%氢氧化铜可湿性粉剂1 500倍液，间隔期为10～15天，连续喷施2～3次，但开花期不能使用，影响坐果率，作为预防可以每2周喷施一次，使用浓度为正常用量的一半或正常用量；同时，可选用30%噻唑锌悬浮剂800～1 000倍液进行叶面喷施，间隔期为7天，连续喷施2～3次，防治效果也很明显。

十四、西瓜病毒病

西瓜病毒病主要由黄瓜绿斑驳花叶病毒（CGMMV）侵染，是侵害葫芦科作物的重要病害之一，该病毒具有高危害性、强流行性和难以防治等特点，一旦发生病害往往造成作物绝产。

1. 发病症状

黄瓜绿斑驳花叶病毒在不同寄主上表现症状不同，侵害西瓜时叶片褪色，呈黄色轻微叶斑驳，叶面多凸起。植株矮化，病果表面出现浓绿色斑纹，内部腐烂成瓤状空洞，果肉变暗红色。症状：有花叶型和蕨叶型2种。花叶型植株顶部叶片现浓淡相间的花叶，蕨叶型植株病叶变得窄长，皱缩畸形。轻病株结瓜小，发病重时结瓜少或不结瓜，植株萎缩，茎变短，新生茎蔓纤细扭曲，花器发育不良，难于坐瓜。坐瓜后果实发育不良，容易形成畸形瓜（图6-20）。

2. 发生条件及发病规律

该病毒属于烟草花叶病毒属，其株系都有很强的适应性和稳定性。寄主范围较广，除了侵染葫芦科作物，也能侵染一些杂草。病毒通过种子、嫁接、授粉、灌溉、土壤、介体等多种方式实现传播，其中带毒种子远距离传播是主要形式。西瓜嫁接采用的葫芦砧木易携带该病毒，常引起该病广泛发生。

（a）叶片

（b）果实

图 6-20　西瓜病毒病

发病规律：病毒可在多种植物上越冬，其种子也可带毒成为初侵染源。主要通过汁液接触传染，只要寄主有伤口，即可浸入。附着在种子上的果屑也能带毒。此外，土壤中的病残体、田间越冬寄主残体、田间杂草等均可成为该病的初侵染源。可通过蚜虫、蓟马等昆虫吸食汁液进行传染。

3. 综合防治方法

（1）加强种子检疫　禁止从疫区引进品种或砧木种子，防止病毒扩散和蔓延。

（2）做好土壤消毒管理　发病田地按 0.2 kg/m^2 标准撒施熟石灰，彻底清理植株残体，集中处理。

（3）规范农事操作　整枝、绑蔓、采收等操作时注意减少植株间碰撞摩擦；嫁接等操作时手和工具必须严格消毒，防止人为接触传染。

（4）进行种子处理　10% 磷酸三钠浸种 20 min 对该病抑制效果较好。

（5）防治方法　病毒病的调控技术：设置屏障，减少病毒源，控制昆虫传播媒介，田间覆盖一层白色或银色防虫网阻隔蚜虫、蓟马、烟粉虱。

病毒病的防治药剂可选择 6% 寡糖 · 链蛋白可湿性粉剂 1 000 倍液、5% 氨基寡糖素水剂 800 倍液或 20% 盐酸吗啉胍可湿性粉剂 500 倍液进行叶面喷雾，同时根据实际情况添加杀虫剂进行喷施防止昆虫传播。

第二节　主要虫害识别与防治

一、斑潜蝇

1. 为害特点

幼虫钻食叶肉为害，在叶片上形成由细变宽的蛇形弯曲隧道，俗称“鬼画符”，开始为白色，后变成铁锈色，有的在白色隧道内还带有湿黑色细线粪便。幼虫多时，叶片在短时间内就被钻花干死。成虫以产卵器刺伤寄主叶片，形成小白点，并取食汁液和产卵（图 6-21）。

图 6-21　斑潜蝇为害西瓜叶片

2. 发生规律

（1）一年可发生 14～17 代，世代周期随温度变化而变化，15℃时一代约 54 天，20℃时约 16 天，30℃时约 12 天。

（2）成虫具有趋光、趋绿和趋化性，对黄色趋性更强。有一定飞翔能力。成虫吸取植株叶片汁液；卵产于植物叶片叶肉中；初孵幼虫潜食叶肉，主要取食栅栏组织，并形成隧道，隧道端部略膨大；老龄幼虫咬破隧道的上表皮爬出道外化蛹。

3. 综合防治方法

（1）农业防治　适当疏植，增加田间通透性；收获后及时清洁田园，将植株残体集中深埋、烧毁或沤肥；将表层土深翻，可降低蛹的羽化率。

（2）物理防治　黄板诱杀，应用黄色粘虫板或黄色粘虫纸诱集成虫，每15天更换一次，以降低虫口基数。释放寄生蜂进行防治，也可以降低虫口基数。

（3）预防技术　移栽前使用25%噻虫嗪水分散粒剂2 000倍液灌根。

（4）药剂防治　可采用80%灭蝇胺水分散粒剂1 000倍液、10%溴氰虫酰胺可分散油悬浮剂1 500倍液、1.8%阿维菌素乳油3 000倍液或10%吡虫啉可湿粉剂1 000倍液等药剂防治，隔15天喷施一次，连续喷3～4次。

二、蚜虫

1. 为害特点

蚜虫为刺吸式口器害虫，常群集在植株叶背、嫩梢、嫩茎上，以口针刺吸植物汁液，使叶片蜷缩发黄，生长停滞，严重为害时甚至使整株萎蔫死亡。由于它繁殖快，代数多，极易暴发成灾，若防治不及时或不彻底，极易造成严重损失，其分泌物会覆盖在叶片上，诱发煤污病，影响西瓜叶片的光合作用；瓜蚜还是传播病毒病的媒介，会使西瓜植株出现花叶、畸形等症状，严重影响西瓜的产量和品质（图6-22）。

（a）蚜虫为害西瓜叶片

（b）蚜虫为害西瓜植株症状

图6-22　蚜虫为害症状

2. 发生规律

（1）蚜虫的繁殖力很强，一年能繁殖10～30个世代，世代重叠现象突出。雌性蚜虫一生下来就能够生育。

（2）当连续5天的平均气温达到12℃以上时，便开始繁殖。一般完成一个世代需10天，在夏季温暖条件下只需4～5天。气温为16～22℃时最适宜蚜虫繁育，干旱或植株密度过大有利于蚜虫为害。

3. 防治措施

以药剂防治为主，应注意选择对天敌安全的农药，尽量将蚜虫控制在点片发生阶段。

（1）农业防治　清除田间及附近的杂草以减少虫源，并且注意保护和利用天敌，控制蚜虫发生为害。

（2）物理防治　可将蚜虫信息素（400 mL）滴入棕色塑料瓶中，悬挂在瓜田中，下方放置一水盆，使诱来的蚜虫落水而死；应用诱蚜黄色板诱杀成虫，每亩悬挂黄板20～30张。进行地膜覆盖，银灰色对蚜虫有显著的忌避作用，用其进行覆盖可减少为害发生。

（3）化学防治　药剂防治蚜虫，可在点片发生阶段及时喷药，喷药后5天左右再次检查一次叶背，若仍有蚜虫应再喷一次。由于西瓜蚜虫繁殖快，普遍发生阶段应连续防治多次。采用10%吡虫啉可湿性粉剂1 000倍液、50%抗蚜威可湿性粉剂2 000倍液、50%吡蚜酮水分散粒剂1 000倍液、25%噻虫嗪水分散粒剂1 500倍液或25%溴氰菊酯乳油1 500倍液喷雾等药剂喷雾防治，每7天喷施一次，连续喷3～4次。为了避免蚜虫产生抗药性，各种农药交替使用。

三、蓟马

1. 为害特点

蓟马以若虫、成虫锉吸西瓜的心叶、嫩芽、幼果的汁液，使被害植株心叶不能正常展开，生长点萎缩以至枯死。幼果受害后，果皮粗糙，长有锈斑，直接导致西瓜产量、质量下降，商品性降低（图6-23）。

2. 防治措施

（1）农业防治　清除田间杂草和枯枝残叶，集中烧毁或深埋。水旱轮作有利于清除土壤中的蓟马成虫和若虫，栽培过程中肥水充足保证植株健壮生长，有利于减轻蓟马为害。

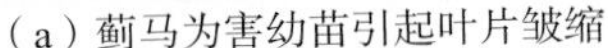

（a）蓟马为害幼苗引起叶片皱缩

（b）蓟马为害果实

（c）蓟马为害叶片

（d）蓟马为害叶片严重时嫩叶干烧状

图 6-23　蓟马为害症状

（2）物理防治　利用蓟马趋蓝色的习性，在田间设置蓝色粘虫板，每亩20～30张诱杀成虫；用40目或60目防虫网防蓟马；覆膜栽培避免若虫入土化蛹。

（3）化学防治　选用啶虫脒、噻虫嗪、烯啶虫胺、吡虫啉、阿维菌素、联苯菊酯等药剂进行喷杀，浓度参照药剂说明；用内吸性和触杀性2种药物相结合，根据蓟马昼伏夜出的活动习性，在傍晚重点喷洒花、嫩芽、幼果等幼嫩部位。移栽时使用25%噻虫嗪水分散粒剂3 000～5 000倍液灌根。药剂防治，可选用60 g/L乙基多杀菌素悬浮剂1 500倍液、5%啶虫脒乳油800倍液、25 g/L联苯菊酯乳油750倍液、45%吡虫啉微乳剂1 500倍液或25%噻虫嗪水分散粒剂1 500倍液喷雾防治。每种药剂不要连续使用超过2次，以免产生抗药性，隔7天喷药一次，连续喷3～4次。

四、红蜘蛛

1. 为害症状

螨虫主要有茶黄螨、红蜘蛛和二斑叶螨，以成螨和若螨吐丝结网，在网下刺吸植株汁液。当一片叶背面有 1～2 头叶螨为害时，叶正面出现黄、白斑点；4～5 头为害时，出现红色斑点，直至全叶焦枯脱落，植株早衰，严重影响产量和质量（图 6-24）。

（a）红蜘蛛为害西瓜导致全叶焦枯脱落

（b）红蜘蛛为害西瓜叶片，吐丝结网，叶片焦枯，植株早衰

图 6-24　红蜘蛛为害症状

2. 发生规律

以成虫、若虫、卵在寄主的叶片下，土壤中或附近杂草上越冬。温湿度对螨虫数量影响较大，尤以温度影响最大，当温度在 28℃左右，湿度 35%～55%，最有利于红蜘蛛发生。红蜘蛛有孤雌生殖习性，未受精的卵孵化为雄虫。卵孵化时，卵壳开裂，幼虫爬出，先静止在叶片上，经蜕皮后进入 1 龄虫期。幼虫及前期若虫活动少，后期若虫活跃而贪食，有趋嫩的习性，虫体一般从植株下部向上爬，边为害边上迁。

3. 防治方法

（1）螨虫的调控技术　清除田间杂草，减少虫源，集中铲除田边、地头杂草，减少叶螨繁殖场所；天气干旱时，合理灌溉增加湿度；保护利用天敌。

（2）螨虫的预防技术　及早预防，发现螨虫点片发生要立即防治，大水量，低浓度，冲破螨网，叶背面要喷施全面。

（3）螨虫的药剂防治　可选择 40% 炔螨特乳油 1 000～1 500 倍液、1.8% 阿维菌素乳油 1 500 倍液喷雾、24% 阿维 · 螺螨酯悬浮剂 2 000 倍液、11% 乙螨唑悬浮剂 1 500 倍液、20% 甲氰菊酯乳油 3 000 倍液、15% 哒螨灵乳油 1 000 倍液、43% 联苯肼酯悬浮剂 1 500 倍液喷雾防治。避免使用高效、剧毒等对天敌杀伤力大的农药，以保护天敌，维护生态平衡。

五、烟粉虱

1. 为害症状

成虫、若虫刺吸植物汁液，造成受害叶片褪绿、萎蔫或枯死，使植物生理紊乱，植株瘦小；并分泌大量蜜露，诱发煤污病，造成减产并降低蔬菜商品价值；携带病毒源传播病毒病（图 6-25）。

图 6-25　烟粉虱为害西瓜叶片

2. 发生规律

烟粉虱的生活周期有卵、若虫和成虫 3 个虫态，一年发生的世代数因地而异，在亚热带地区每年发生 11～15 代，成虫寿命 18～30 天。最佳发育温度为 26～28℃。烟粉虱成虫羽化后嗜好在中上部成熟叶片上产卵，而在原为害叶上产卵很少。卵不规则散产，多产在背面。每头雌虫可产卵 30～300 粒，在适合的植物上平均产卵200粒以上。

3. 防治方法

（1）烟粉虱的调控技术　设置屏障，减少虫源，设置黄板诱杀成虫，悬挂黄板与种植行呈45°角，每亩放置25～30张。

（2）烟粉虱的预防技术　间套作趋避作用，可与芹菜、韭菜、蒜等间作套种，控制粉虱传播蔓延。

（3）药剂防治　可选择50 g/L双丙环虫酯可分散液剂1 500倍液、24%螺虫乙酯悬浮剂1 500倍液、10%烯啶虫胺水剂1 000倍液或25 g/L联苯菊酯乳油800倍液进行叶面喷雾；移栽前可用25%噻虫嗪水分散粒剂2 000倍液灌根。

六、烟青虫

1. 为害症状

以幼虫蛀食花、果为害，为蛀果类害虫。为害西瓜时，整个幼虫钻入果内，啃食果皮、胎座，并在果内缀丝，排留大量粪便，使果实不能食用（图6-26）。

图6-26　烟青虫为害西瓜叶片

2. 发生规律

（1）幼虫期一般12～50天，老熟幼虫不食不动，经过1～2天后入土作土茧化蛹，入土深度一般为3～5 cm，越冬蛹稍深。越冬场所多为留种烟地、辣椒等蔬菜地。

（2）烟青虫成虫羽化后半小时左右开始飞翔，1～3天内交配产卵，交配时间多在夜晚8—11时。成虫白天多隐蔽在作物叶背或杂草丛中，夜晚或阴天活动。成虫产卵期 4～6 天，多在夜晚 9 时至次日凌晨 10 时前，以夜晚 11 时最盛。前期产卵在寄主作物上部叶片正反面的叶脉处，后期多产在果、萼片或花瓣上，一般每处产 1 粒卵，偶有 3～4 粒在一起。每头雌虫可产卵千粒以上。

3. 防治措施

（1）物理防治　糖醋液或性诱剂诱杀成虫，减少田间落卵量，糖醋液配比为糖：醋：酒：水 =3：4：1：2；性诱剂诱杀；每 50 亩地设黑光灯一盏诱杀成虫。

（2）药剂防治　可选用 2.5% 高效氯氟氰菊酯乳油 1 500 倍液、2.5% 溴氰菊酯乳油 1 500 倍液、24% 甲氧虫酰肼悬浮剂 1 500 倍液、2% 甲氨基阿维菌素苯甲酸盐乳油 1 500 倍液、16 000 单位/mL 苏云金杆菌可湿性粉剂 800 倍液喷雾或 10 亿 PIB/g 棉铃虫核型多角体病毒可湿性粉剂 1 500 倍液喷雾防治。

七、斜纹夜蛾

1. 为害症状

斜纹夜蛾主要以幼虫为害，幼虫食性杂，且食量大，初孵幼虫在叶背为害，取食叶肉，仅留下表皮；3 龄幼虫后造成叶片缺刻、残缺不堪甚至全部吃光，蚕食花蕾造成缺损，容易暴发成灾。幼虫体色变化很大，主要有 3 种：淡绿色、黑褐色、土黄色（图 6-27）。

图 6-27　斜纹夜蛾

2. 发生规律

（1）该虫年发生 8～9 代（海南），一般以老熟幼虫或蛹在田基边杂草中越冬。

（2）卵多产于叶背的叶脉分叉处，以茂密、浓绿的作物产卵较多，堆产，卵块常覆有鳞毛而易被发现，经 5～6 天就能孵出幼虫，初孵幼虫具有群集为害习性，3 龄以后则开始分散，老龄幼虫有昼伏性和假死性，白天多潜伏在土缝处，傍晚爬出取食，遇惊就会落地蜷缩作假死状。成虫夜出活动，飞翔力较强，具趋光性和趋化性，黑光灯的效果比普通灯的诱蛾效果明显，另外对糖、醋、酒味敏感。

3. 防治措施

（1）及时清除田间残枝落叶，作物生长期疏松表土，化蛹高峰期浇水，减少其育蛹场所，以减少下一代虫源。

（2）结合田间管理，在斜纹夜蛾产卵高峰期人工摘除卵块和群集为害的初孵幼虫，以减少当代虫源基数。

（3）采用防虫网、塑料薄膜育苗棚、地膜覆盖或大棚栽培，有效阻挡斜纹夜蛾的发生与为害。

（4）利用双灯频振式太阳能灭虫器诱杀成虫，降低田间落卵量、压低虫口基数，减轻为害。

（5）斜纹夜蛾发生初期，在作物新生部分及叶片背面喷施 300 亿 PIB/g 斜纹夜蛾核型多角体病毒或 400 亿孢子 /g 球孢白僵菌水分散粒剂等病原微生物；也可喷施 0.5% 辣椒碱水乳剂、1% 苦皮藤素水乳剂或 0.3% 苦参碱水乳剂等植物源农剂。建议对已产生极高抗性或高抗水平的苏云金杆菌、阿维菌素、毒死蜱和高效氯氰菊酯暂停使用或尽量不用；发生高峰期优先使用溴氰虫酰胺、氯虫苯甲酰胺和氟虫双酰胺等药剂 1～2 次。

八、黄守瓜

1. 为害症状

主要将叶片咬食呈锯齿状环形或半环形，还能咬断苗，食害花和幼瓜。

2. 发生规律

每年 3—4 月开始活动，瓜苗 3～4 片叶时为害叶片。成虫喜欢温湿的环境，耐热性强，耐寒性差。喜在温暖的晴天活动，一般以上午 10 时至下午 3 时活动最烈，阴雨天很少活动或不活动，成虫受惊后即飞离逃逸或假死，耐饥力很强，有趋黄习性。

3. 黄守瓜形态特征

属鞘翅目叶甲科，是发现的主要害虫之一。形态特征：成虫体长 8～9 mm，长椭圆甲虫，头、前胸及鞘翅橙黄色有光泽，复眼圆形，腹部蓝黑色。卵直径 0.7～1.0 mm，球形、黄色，表面具蜂窝状网纹。幼虫体长 11～13 mm，长圆筒形，头小、褐色、体黄白色，体表网状皱纹，胸部具有 3 对短足。裸蛹，体约长 9 mm，纺锤形，乳白色至淡黄褐色（图 6-28）。

图 6-28　黄守瓜

4. 防治方法

重点防治在移栽前后至 5 片叶前。

（1）采用全田地膜覆盖栽培，在瓜苗茎基周围地面撒布草木灰等，以阻止成虫在瓜苗根部产卵。

（2）西瓜对许多药剂敏感，易发生药害，尤其苗期抗药力弱，用药应十分慎重。可选用 2.5% 溴氰菊酯乳油 2 000 倍液或 10% 吡虫啉可湿性粉剂 1 000 倍液喷雾。

（3）防治幼虫为害根部可用 50% 辛硫磷乳油 1 000 倍液灌根。

九、瓜实蝇

1. 为害症状

瓜实蝇别名黄瓜实蝇、瓜小实蝇、瓜大实蝇、针蜂、瓜蛆等，主要为害苦瓜、黄瓜、丝瓜、冬瓜、南瓜、西瓜等作物，近年来已逐渐发展成为西瓜生产中的主要虫害之一，严重影响西瓜的产量与品质。瓜实蝇的成虫和幼虫均可为害。其中成虫以产卵管刺入幼瓜表皮内产卵为害，被害瓜在瓜表面留有肉眼可见的刺伤孔，并常在刺伤孔部位出现局部变黄、畸形、软腐、下陷等症状；幼虫孵化后在瓜内蛀食为害，将瓜内部蛀食成蜂窝状，并有蛆虫蠕动，严重时全瓜腐烂变臭，造成大量落瓜（图 6-29）。

2. 形态特征

瓜实蝇的成虫体形极像蜜蜂，黄褐色，体长为5～8 mm。其卵细长，约1 mm，乳白色，两端尖，呈圆筒形。老熟幼虫体长约10 mm，头尖，呈蛆状，位于虫体头前的口钩黑色。幼虫体色为乳白色，老熟后为乳黄色，体形前小后大。瓜实蝇的蛹，长约5 mm，初期为米黄色，后为黄褐色，圆筒形（图6-30）。

图6-29　瓜实蝇为害症状

图6-30　瓜实蝇

3. 发生规律

瓜实蝇在不同地区每年发生的代数不同，每一世代的历期30～50天。成虫寿命1～2个月，世代重叠。瓜实蝇以蛹或成虫越冬。全年有活动，以老熟幼虫、蛹入土越冬。气温达到10℃以上，蛹便羽化成成虫，成虫羽化后7～14天，开始交尾产卵于瓜内，孵化的幼虫直接在瓜内取食为害。成虫白天活动，飞行快速、敏捷，对糖醋液有一定的趋性。成虫多在上午9—11时和下午4时以后活动，中午烈日高温时，静伏于瓜棚、叶背及潮湿阴凉的杂草下，傍晚后停息于叶背处。雌成虫以产卵管刺入尚未硬化的幼瓜表皮内产卵。每次产卵几粒至10余粒，产卵孔处常流出透明的胶体封闭产卵孔。幼虫孵化后即在瓜内蛀食为害，受害瓜先是局部变黄、畸形，继而瓜瓤成蜂窝状，致瓜条腐烂、变臭、脱落。在瓜内为害的幼虫老熟后，钻出烂瓜入土，在4～6 cm深的表土层内化蛹，或羽化出成虫后继续为害，或以蛹、成虫在土内越冬。

4. 防治方法

（1）农业防治　清洁田园，清除瓜田内及周边的杂草，打掉植株下部的老叶、黄叶，改善瓜田通风透光条件，减少成虫隐蔽栖息场所。及时摘除和收集西瓜园中的受害瓜和落地瓜，集中深埋、水浸或焚烧，也可集中倒入装有杀虫剂药液的塑料大桶中，密封盖严沤杀，从而杀死西瓜内的幼虫；避免与瓜类蔬菜连作，选择远离蜜源植物区的田块种植，采用盖膜种植，能减少再次为害的虫源；在为害严重的地区，可在瓜刚谢花、花瓣萎缩时对幼瓜喷施一次杀虫杀菌剂，可有效防止瓜实蝇成虫产卵为害。

（2）物理防治　目前市场上有不少诱杀瓜实蝇的产品，如瓜实蝇诱粘板、瓜实蝇诱粘剂以及诱引剂等。当瓜实蝇成虫初羽化时，就在西瓜种植田中安置诱杀产品，可有效减少瓜实蝇成虫的发生。利用成虫对黄色的趋性，采用黄板诱杀成虫。每亩设置 30 张左右的诱虫黄板，悬挂与瓜的植株同高（图 6-31）。

图 6-31　露地栽培，田间挂黄板诱捕瓜实蝇

此外，也可自制毒饵诱杀成虫，如可取香蕉皮或菠萝皮或南瓜等煮熟发酵物 40 份、90% 敌百虫原药 0.5 份、香精 1 份、加水调成糊状制成毒饵；或用醋 3 份、糖 1 份、90% 敌百虫原药 1 份、水 100 份拌匀制成毒饵，直接涂于西瓜棚竹篱上或盛在容器中挂于西瓜棚下诱杀成虫（20 点/亩，25 g/点）。在大面积连片西瓜种植区，可安装频振式杀虫灯在晚上用灯光诱杀成虫，西瓜种植区每亩只需用 1 盏杀虫灯。

（3）化学防治　由于瓜实蝇的为害主要是以幼虫在瓜内钻蛀为主，而药剂又很难能接触到幼虫，因此对成虫的防治是瓜实蝇防治的关键。可在成虫盛发期，于上午 10 时前或下午 4 时后喷施药剂杀灭成虫。药剂可选用 1.8% 阿维菌素乳油 2 000～3 000 倍液、2.5% 溴氰菊酯乳油 2 000～3 000 倍液、50% 灭蝇胺可湿性粉剂 1 500 倍液喷雾防治，隔 3～5 天喷施一次，连续喷施 2～3 次，喷药时加些糖醋液（药量的 3%）效果更好。

第七章 西瓜采收

第一节 采 收

西瓜采收过早过晚，都会直接影响其产量和质量，特别是对含糖量以及各种糖分的含量比例影响更大。所以适时采收是保证西瓜优质的关键环节。在采收前 7 天应停止浇水，以免降低果实品质，缩短货架期。如果采收前遇到降雨，可以在雨停后推迟 1～2 天采收。授粉后及时挂牌做标记，采收前取样做成熟度测定，达到成熟标准及时采收。一般适收期是八成至九成熟，当地销售的西瓜采收成熟度要求达到九成半至十成熟，远途销售，路程 5 天以内的可采收九成熟的西瓜，路程 5～7 天的一般八成熟时采收。

一、鉴定西瓜成熟的方法

1. 根据授粉时间

小果型西瓜可通过授粉时间、卷须变化、果形、皮色等作为采收依据。一般小果型西瓜授粉后 26～30 天成熟。

2. 根据果实特性

成熟瓜果脐凹陷，果蒂处略有收缩，果梗茸毛消失，着花部位凹陷，果皮富有光泽，果面条纹鲜明。同时坐果节卷须从尖端起 1/3 干枯也可作为西瓜成熟的标志。

二、采收技术

为确保果实品质，收获前一周停止浇水，切忌在烈日下气温高时采收，采收时用剪刀将果柄从基部剪断，并保留一段绿色果柄或少量叶片。外运小果型西瓜九成熟即可采收。一般早上采瓜，果实内部温度低，有利于贮运。小果型西瓜一般瓜皮较薄、容易裂瓜，要始终轻拿轻放，尽量减少碰、压、挤等机械损伤（图 7-1）。

图 7-1　美月西瓜采收

第二节　分级、包装和贮运

一、分级

西瓜采收后，应根据果实大小、成熟度，参照客户和贮运的不同要求进行分级，将同一等级的果实归入一类，分别进行包装处理。

二、包装

根据不同市场的需求，西瓜可以采用不同等级的材料包装。长距离运输可用硬纸箱包装，在果实外观清洁处理后，用发泡塑料网包装单个西瓜，将包装后的西瓜放入纸箱；也可以将西瓜直接装箱，但每个瓜之间用瓦楞纸隔开，避免运输过程中瓜与瓜之间碰撞（图 7-2）。

图 7-2　美月西瓜包装及上货架

第三节　贮 存 保 鲜

西瓜产生冷害的临界温度一般为 12.5℃，贮存期在 20 天以上时应保持在冷害临界温度以上，以便更好地保持果实品质，延长货架期。温度低于 10℃可能会导致冷害。没有冷藏条件的，建议贮存西瓜的地方应阴凉并具有通风条件，常温贮藏主要依靠通风降温。一般是白天温度保持在 15～20℃，空气相对湿度以 70%～80% 为宜。

第八章 西瓜生理性病害识别与防治措施

第一节 西瓜缺硼裂蔓现象

硼在西瓜上有着重要的作用，如可促进西瓜的花粉发育、受精以及果实发育，在开花前后要有足够的硼才可以保证花芽分化，从而提高西瓜的坐瓜率等。

有些瓜农在西瓜膨瓜期只注重冲施高钾肥，而忽略钙、镁、硼等中微量元素的补充，这些中微量元素如钙可以提高瓜皮的韧性，预防裂瓜。在砂性较强的土壤中，若浇水不足土壤偏干，易导致硼素缺乏，当植株体内缺硼时，会影响钙的吸收。

一、症状

西瓜缺硼一般表现为叶片出现黄斑，多集中在生长点附近的叶片上（新梢附近）、不规则，有的在叶片中间呈近圆形斑块，圆斑向上凸起，致使叶片呈伞形；有的先从叶缘发生，多皱缩。在出现这种情况的生长点茎蔓节点附近，有横裂、流胶现象（图 8-1）。

（a）茎蔓横裂

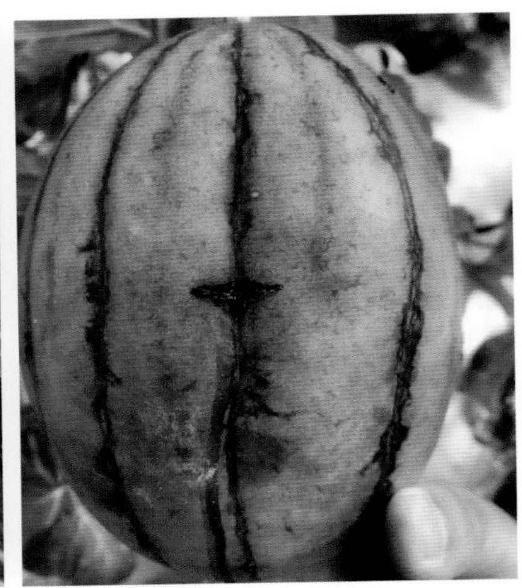

（b）果实缺硼症状

图 8-1 西瓜缺硼症状

二、防治措施如下

（1）合理浇水　一般西瓜在伸蔓期会控制浇水，进入花期以后则不浇水，这样会造成土壤干旱，影响植株吸收土壤里的中、微量元素。因此，应根据西瓜的生长情况合理浇水。

（2）及时喷施叶面硼钙肥　可喷施含硼或含钙的全营养叶面肥或水溶肥，如速乐硼 1 500 倍液。如出现横裂，极易感染细菌性病害。因此，叶面喷施硼肥时还应加入琥胶肥酸铜等进行预防。

（3）增加有机肥用量　提高棚内土壤的保水保肥能力。西瓜开花前要提前喷施硼、钙肥，以免进入开花坐果期以后因营养争夺而导致元素缺乏的情况发生。

第二节　西 瓜 化 瓜

一、症状

幼瓜发育一段时间后慢慢停止生长，逐渐褪绿变黄，最后萎缩坏死，掉落（图 8-2）。

图 8-2　西瓜化瓜

二、主要原因

（1）雌花开花后未及时授粉　西瓜是雌雄同株异花植物，雌花开花后不能正常进行授粉，子房将不能正常膨大生长而脱落。

（2）西瓜植株生长过旺或过弱都会引起化瓜　植株生长过旺或过弱导致营养物质分配不均匀，大部分供给茎叶或使幼瓜得不到足够的营养物质，慢慢导致幼瓜化瓜。

（3）受气候环境影响　花期若温度过高或过低会导致花粉活力不强，使受精不良，引起落花落果；若低温寡照天气授粉，使光合作用受阻，幼瓜常处于营养不良状态而导致化瓜。

三、防治措施

由于造成化瓜的原因较复杂，防止化瓜需及时查明化瓜原因，然后采取针对性的防治措施。建议根据当地往年气候特点，安排好播种期，避开不利于西瓜开花坐果期；科学施肥水，重施底肥，以有机肥为主，配施氮肥、磷肥、钾肥和镁肥。伸蔓期和坐果期减少氮肥用量、以高钾型复合肥为主，适当控浇水，避免生长过旺。人工辅助授粉，提高坐果率，减少西瓜化瓜现象。

第三节　西 瓜 裂 果

一、症状

发生在果实膨大期，果实纵向开裂，大部分是从尾部开始开裂，严重影响其品质和产量（图 8-3）。

图 8-3　果实发育期裂果

二、主要原因

（1）有可能西瓜品种皮薄，容易造成裂瓜。

（2）膨果期突然浇大水，导致营养物质向果实输送过多，果肉生长速度比果皮生长速度快，导致裂瓜。

（3）果实发育期温度变化幅度较大，促使果实迅速膨大，造成裂瓜现象。

三、防治措施

建议选择耐裂的品种种植；西瓜进入果期要注意水分管理，切忌大水浇灌；注意温度的管控，避免前期温度过低，后期温度忽高的现象。若结瓜部分功能叶片生长势强，可以疏去部分叶片，控制过多的营养流入幼瓜，减少营养物质的积累，避免幼瓜短期生长过快而导致裂瓜。

第四节　西 瓜 黄 叶

西瓜膨大期，土壤恶化、缺素或土传病害等，易导致植株从下往上出现黄叶现象，严重时导致叶片大面积干枯。

针对土壤恶化导致的黄叶，一是深翻土壤，打破犁底层，每 1～2 年人工或机械深翻土壤一次，深度超过 30 cm 为宜；二是重视有机肥和菌肥的配合使用，特别是大棚栽培在闷棚后土壤中微生物大量减少，及时使用有机肥和菌肥可以提高土壤中有益菌含量，抑制有害菌繁殖。有机肥与菌肥配合使用，可促进菌群增殖，刺激粪肥快速腐熟，更好地改良土壤。

针对缺素型黄叶，应合理补充中微量元素。如在定植前每亩将硼砂 2 kg、硫酸镁 4.5 kg、硫酸锌 2.5 kg、硫酸亚铁 4.5 kg、螯合钙 0.5 kg、磷酸二氢钾 12.5 kg 充分混合后，撒施到瓜沟内。这样，在没有病害的情况下至西瓜收获都不会出现黄叶问题。针对土传病害导致的黄叶，应及时用药物进行针对性预防（图 8-4）。

图 8-4　黄叶

第五节　西 瓜 空 心

西瓜的膨大主要依靠瓜皮和瓜瓤各部分细胞的充实和不断增大。特别是瓜瓤部分，除了种子和相连的维管束之外，均由薄壁细胞构成。在正常情况下，薄壁细胞的膨大程度比其他组织中的细胞大，但细胞壁膨大后，由于肥水特别是水分供应不足，细胞得不到充实，细胞壁很快就会破裂，相连的许多薄壁细胞破裂后，便形成了空洞。因此，西瓜膨瓜期是水肥需求量最大的时候，但瓜农往往会担心水肥过大易出现裂瓜，会尽可能减少水分供应，这样容易导致西瓜因营养供应不足，出现空心现象，应防止水肥供应不均导致西瓜空心（图 8-5）。

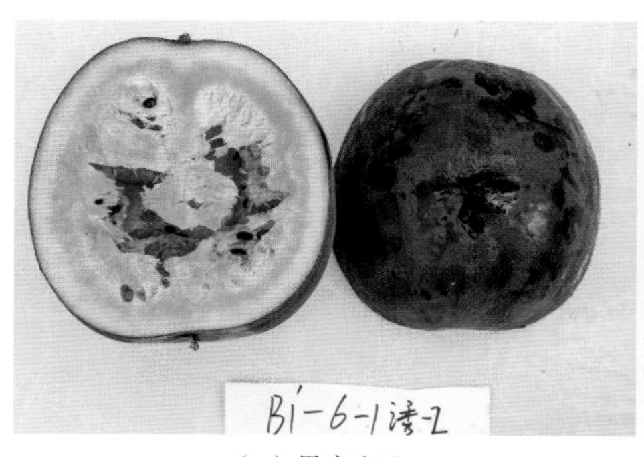

（a）果实空心

（b）膨瓜期缺水导致空心

图 8-5　西瓜空心症状

一、主要原因

1. 坐果时温度偏低

西瓜在开花结果时适宜温度为25～30℃。最低日平均温度为20～21℃。西瓜果实在坐果后先进行细胞分裂，增加果实内细胞数量，然后通过细胞膨大而使西瓜果实迅速膨大。如果坐果期温度偏低，细胞分裂的速度变慢，使果实内细胞达不到足够数量，后期随着温度升高，果皮迅速膨大，而果实内由于细胞数量不足，不能填满果实的空间而形成空心。

2. 果实发育期阴雨寡照

果实发育必须有足够的营养物质为前提。如果发育期间阴雨天多，光照少，光合作用受到影响，导致营养物质供应严重不足，影响果实内的细胞分裂和细胞体积增大。果皮发育也需要一些营养物质，若果皮发育所需的营养物质也缺乏时，也会使西瓜形成空心。此外，氮肥过多、雨水过多或浇水量过多、整杈压蔓不及时等引起植株徒长、茎叶郁蔽，影响光合作用进行，茎叶生长与果实生长争夺养分，也会使果实养分供应不足而出现空心。

3. 坐果节位偏低

节位低结的瓜，因坐果时温度偏低，授粉受精不良，再加上当时叶面积小，营养物质供应不足，心室容积不能充分增大，以后遇高温，果皮迅速膨大，也会形成空心。

4. 果实发育期内缺水

西瓜果实的发育需要足够的水分（也不宜过多），特别在果实膨大期缺水，反应最为敏感，果实细胞因供水不足导致膨大速度慢于果皮而形成空心。

5. 过熟采收

西瓜在成熟之前，营养物质和水分不断向果实运输。西瓜成熟之后，如不及时采收，营养物质和水分就会出现倒流现象，即从果实中回流到瓜蔓中。因此，果实会由于失去水分和营养物质而形成空心。这种现象在果实发育快的品种中更为明显。另外过早使用激素进行催熟或选栽嫁接品种也会形成少量空心现象。

二、防治措施

1. 品种的选择

种植者在选择品种时要注意选用抗病性强、适应性好、品质优良、耐低温弱光、适宜当地消费习惯的品种。冬春季提早栽培一定要选用抗低温弱光的早熟品种。

2. 雌花节位选择和天气

选择主蔓第2雌花以上的雌花坐果，可使结出来的瓜果形端正、果大、品质好。晴好天气对西瓜的生长非常有利；低温、阴雨严重影响西瓜生长，尤其是坐果期间遇低温，坐果后不能迅速顺利膨大；低温过后，果实基本定型而转入成熟期，因坐果、膨大期间果实内部积累的养分少，成熟后易形成空心果。生产上一旦遇到不利天气，应果断采取措施，除去不良果实，采用人工授粉等方式，确保下一节位坐果。

3. 加强田间管理

基肥以磷肥和有机肥为主，苗期宜轻施氮肥，抽蔓期适当控制氮肥增施磷肥，促进根系生长和花芽分化，提高植株耐寒性。坐果以后增施速效氮肥、钾肥，增强植株的抗病性。西瓜生育前期避免土壤水分变化过大，西瓜坐果前要适当控制肥水，防止疯长，西瓜坐果后，及时冲施高钾型与平衡型水溶肥，并喷施富含中微量元素的叶面肥，保证养分供应，同时增施甲壳素、海藻酸等功能性肥料，养护根系、活化土壤，促进养分的吸收利用，在幼果期叶面喷施钙肥（流体钙），也有利于减少空心瓜的出现。

4. 适时收瓜

根据运程的远近确定西瓜采收成熟度。九成熟以上的西瓜长途运输易发生空心现象，特别是对易发生空心的沙瓤品种应适当提早收瓜。

第六节　西瓜水晶瓜

一、症状

发育成熟的果实，水晶瓜的外观与正常瓜果的一样，用肉眼不易区别，但是用手指弹劾或是手掌拍打，瓜身就会发出铛铛的声响。切开果实，果肉呈现水渍状，暗红色或是黄晶带瓜，病情严重的瓜果，果肉会溃烂甚至糜烂，变质，有酒糟味，没有食用价值（图 8-6）。

（a）果肉呈现水渍状，暗红色或是黄晶带瓜

（b）果肉会溃烂甚至糜烂

图 8-6　西瓜水晶瓜症状

二、主要原因

1. 温度、空气与土壤湿度影响

在高温干旱，阳光猛烈直射的气候下，加快植株蒸腾作用，根系老化或抑制根系生长发育进程，对植株长势造成影响与肥水吸收；空气湿度长期保持过高，如 85% 以上，植株蒸腾作用减弱或是降低，影响根系吸收肥水能力，会引起水晶瓜。

2. 肥水管理不当影响

在果实发育的过程中，大量使用含氮量高的水溶性肥和化肥，使肥料供应过剩，对于中微量元素有拮抗作用，如钙、镁、硼、铁、锌等，导致植株营养不均衡，引起植株生理性病害。

3. 中后期过量使用钾肥

在果实进入迅速膨大期，钾肥多次过量使用，严重拮抗钙等元素的吸收。另外钾肥过多之后，叶片质地硬脆，植株光合作用不强，加上叶面不能及时补充中微量元素，会引起水晶瓜。

4. 水分管理不当影响

在果实膨大期，由于干旱缺水、大量浇灌水或瓜园由于下大雨而淹渍瓜地，影响根系的生长发育进程与肥水吸收状况，导致植株吸收肥水困难，植株营养不足或是缺乏，植株长势差，会引起水晶瓜。

5. 土壤酸碱化

由于长期或多次过量使用化肥，土壤酸碱化，抑制根系生长，与土壤中微量元素被固定或难于释放，供应植株吸收，导致植株缺乏中微量如钙、镁、硼、锌、铁等中微量元素，植株长势受到抑制与植株营养不均衡，会引起水晶瓜。

6. 病虫害为害

在植株生长与果实发育期，由于病害如炭疽病、灰霉病、病毒病、疫病、蔓枯病、叶枯病、细菌性病害等，加上虫害如蚜虫、白粉虱对植株长势的破坏，植株早衰，植株营养不佳，导致植株对于肥水吸收不良运转与转化，加上高温烈日果实易产生乙烯，果肉质变。

三、防治措施

1. 改土促根

为植株根系创造一个良好的土壤环境，护根、促根系生长，培养良好根系群。活化土壤，降低土壤有害物质，促进有益菌繁衍，释放土壤被固定的元素，以供植株吸收。在苗生长期、果膨大期、采摘后促蔓、养藤期建议用：乌金绿有机水溶肥 2 kg + 中微量元素叶面肥（途保康）200 mL/亩灌根；乌金绿有机水溶肥 2 kg + 挪威海藻素 50～100 g/亩灌根。

2. 补充微量元素

适时叶面补充中微量元素，促进植株营养均衡，加强植株长势，提高植株抗高温、干旱，阴雨等不良气候与病虫害的抗逆能力，促进植株光合作用，促进植株对营养的吸收、运转与转化，所以建议在植株的发育周期使用中微量元素肥。

（1）幼苗期　用含螯合钙镁的氨基酸水溶肥（艾米格）叶面肥 20 mL、中微量元素叶面肥（途保康）20 mL 兑水 15 kg 进行叶面喷雾，提苗、壮苗，提高苗株抗病能力与长势。

（2）生长期　氨基酸水溶肥（望秋）5 g 或含螯合钙镁的氨基酸水溶肥（艾米格）20 mL、中微量元素叶面肥（途保康）20 mL、0.003% 丙酰芸苔素内酯水剂 5 mL+ 挪威海藻素 10 g 兑 15 kg 水叶面喷施，促进植株防寒防控，耐阴雨天，保持植株长势。

（3）授粉前　氨基酸水溶肥（美加富）15 mL+ 含多聚糖钙硼螯合叶面肥（果滋润）20 mL/15 kg 水，促进花蕊健壮、易坐瓜，提高植株抗逆性。

（4）幼果期　用叶面肥（绿得钙）（氨基酸≥200 g/L，钙≥40 g/L）15 mL+0.003% 丙酰芸苔素内酯水剂 5 mL 兑 15 kg 水叶面喷施，减少畸形果，促进果实正常膨大。

（5）果实膨大前期

叶面：用氨基酸水溶肥（美加富）15 mL+ 用叶面肥（绿得钙）（氨基酸≥200 g/L，钙≥40 g/L）15 mL 兑 15 kg 水；含螯合钙镁的氨基酸水溶肥（艾米格）20 mL+0.003% 丙酰芸苔素内酯水剂 5 mL 兑 15 kg 水轮流叶面喷施，促进果实籽粒发育与防控裂果，果肉结实，促进枝蔓生长发育状况良好。

灌根：改良土壤，活化土壤，促进根系发达，促进土壤生态平衡，更充分吸收肥水，以供植株生长与果实发育需求，提高植株的抗逆性，用乌金绿有机水溶肥 4 kg+ 中微量元素叶面肥（途保康）200 mL/ 亩灌根；或乌金绿有机水溶肥 4 kg+ 挪威海藻素 50～100 g/ 亩灌根。

（6）果实进入迅速膨大期　加强肥水管理，适当控制水量，不可漫灌，保持土壤湿润度，实施少量多次的肥水补充的方法，叶面补充中微量元素，促进果实膨大与植株长势良好，保叶。

叶面追肥：叶面肥（艾米格）20 mL+0.003% 丙酰芸苔素内酯水剂 5 mL 兑 15 kg 水；叶面肥（望秋）5 g+0.003% 丙酰芸苔素内酯水剂 5 mL 兑 15 kg 水交替叶面喷施，促进果实籽粒发育与防控裂果，果肉结实，促进枝蔓生长发育状况良好；肥水：高钾复合肥 + 高得收高钾型水溶性 2 kg+ 乌金绿 4 kg/亩灌根。

3. 控水

在瓜膨大期，适量均衡补充水分，不可漫灌；做好排水通道措施，雨天雨水多，要及时排水；在采摘前 7～10 天要适量控水。

4. 病虫害防控

做好病虫害防控，保护好植株长势，保叶膨果作用。

第七节 西瓜黄带果

一、症状

西瓜切开后，会看到果肉的维管束变为黄色的发达纤维带（图 8-7）。

图 8-7 西瓜黄带果

二、主要原因

（1）植株长势过旺，在果实成熟过程中遇到低温或叶片茎蔓受到损害，导致从茎叶向果实输送的营养物质不足或运输受阻，使果实成熟时仍保留发达的维管束所导致。

（2）土壤地块缺钙，高温干旱或缺硼等因素都能够影响钙的吸收，都会促进黄带果的发生。有黄带果的果实糖度较低、口感差。

三、防治措施

建议整地的时候施入适量钙镁磷肥或石灰，加强肥水管理，同时叶面追施钙肥、硼肥等，可有效降低黄带果的发生。

第八节 西瓜畸形果

一、症状

由于生理性原因致使西瓜果实形状不正常，主要有扁形果、尖嘴果、葫芦形果、偏头畸形果、棱角果等（图 8-8）。

图 8-8　畸形果

二、主要原因

（1）圆形品种低节位雌花所结果实在低温干燥、多肥、缺钙条件下易形成扁形果。

（2）长果形品种在果实发育期营养和水分条件不足、果实不能充分膨大条件下形成尖嘴果。

（3）在瓜果膨大前期肥水不足，后期水肥条件改善就会形成大肚瓜、偏头瓜。当前期水肥条件充足，后期脱肥脱水，就会形成尖嘴瓜、小瓜或厚皮瓜。果实局部温差偏大，果实局部受伤害等也会形成畸形瓜。

（4）由于授粉不均匀导致果实发育不平衡，授粉充分的一侧发育正常而另一侧发育停止，形成偏头畸形果。

（5）瓜发育前期遇到不良的环境条件如低温、干燥、光照不足，后期条件改善又继续发育，结成扁平瓜、偏头瓜、大肚瓜。当果实发育后期遇到低温、干燥，则往往形成尖嘴瓜。

三、防治措施

减少畸形果是提高果实商品性的重要一环。除针对以上形成因素予以防范外，还需要加强田间管理。增施有机肥，配合淋施海精灵生物刺激剂（根施型），促根壮根，改良土壤。促进果实顺利膨大，并注意控制坐果部位，人工授粉时撒在柱头上的花粉要均匀。合理选瓜留瓜、在坐果期选留子房圆整的幼果；整蔓理蔓，摘除畸形幼果。

第九章　气候异常对西瓜生长的影响与防治措施

第一节　低温寡照对西瓜生长的影响

南方简易塑料大棚以太阳辐射能为主要加热能源，相比于北方而言，具有热量资源较充足、运行成本较低的特点，但低成本的塑料大棚对自然灾害的抵制能力较差，易使棚内作物遭受到外界不利环境影响而造成伤害。西瓜原产热带非洲，是海南省重要的反季节外销瓜菜作物之一，但由于冬季易受内地强冷空气影响而造成较长时间的低温寡照天气，对棚栽西瓜影响较大。1—2 月是海南棚栽西瓜授粉坐瓜及膨大的关键时期，长时间低温寡照天气易导致花粉劣质，授粉坐瓜困难，瓜不易膨大，且后期易产生僵瓜、畸形瓜、空心瓜等变态瓜，对西瓜产量和外观品质影响最大。

西瓜不同生长发育期对低温寡照灾害耐受程度不同，伸蔓期西瓜能忍受较强的低温寡照灾害，10℃以上短期低温对其影响不大，授粉坐瓜及膨大期对低温寡照最为敏感，15℃以下低温持续 5 天以上就可影响西瓜开花授粉，15℃以下低温致使西瓜藤蔓生长缓慢，叶片数减少，节间变长，甚至可造成部分老叶提前萎蔫，并对西瓜开花有一定延迟影响，而 10℃以下低温在相当大的程度上影响了西瓜的坐瓜率及瓜膨大速率。低温寡照天气西瓜产量与坐瓜率、叶面积、藤蔓粗度及叶绿素含量有紧密的关系（图 9-1）。

（a）低温引起西瓜叶片皱缩

（b）低温寡照引起西瓜高脚苗

图 9-1　低温寡照症状

防治措施如下。

（1）防风、加温　具体措施包括覆盖地膜，将地膜平铺畦面，四周用土压紧，通过覆盖地膜，从而达到增温、保水、保肥、抑制杂草生长、减轻病害等作用；在低温寒冷天气降临时，在西瓜田四周增设遮风网，遮挡寒流，提高田间温度。

（2）加强水肥管理　可增施有机肥和叶面肥，增施氨基酸等功能营养型叶面肥和农家肥、有机肥，以增加植株体内养分，提高抗寒能力；对于地势低洼、田间容易积水的田块，尽快深沟排除田间积水，降低田间水位，促进根系生长；寒潮来临前3～5天，可喷洒抗寒剂如5%氨基寡糖素水剂800倍液、0.136%赤·吲乙·芸可湿性粉剂5 000倍液等，能有效减轻冻害。

另外，由于长时间缺少光照，西瓜生长缓慢。天晴后应抓紧喷施一些生育调节类药剂。如壳寡糖疫苗、氨基寡糖素、超敏蛋白、光合增效剂等，促进植株光合作用，增强植株免疫力或诱导植株抗性增强。同时也可喷施各类预防病害的保护性药剂，如代森锰锌或铜类药剂等。

第二节　台风天气对西瓜生长的影响

海南省一年分为旱季和雨季，一般11月至翌年4月为旱季，5—10月为雨季，雨季即为台风多发季节，此时，西瓜大部分都选择在棚内种植，但海南省西瓜棚多数为塑料薄膜简易大棚，简易棚西瓜抗风能力比较差，6～7级风简易棚就会倒，有风的时候叶子会损伤，损伤后很容易得病，受损主要是叶子跟小瓜，西瓜简易棚在大风的袭击下，地膜乱飞，竹架倒塌，严重的西瓜种植区被水淹没。

补救措施如下。

（1）及时排水　将积水地块及时清沟排水，避免根系长期淹水，导致根部受损，影响西瓜生长。

（2）台风过后　很多淤泥覆盖到西瓜叶片，植株受到机械性损伤严重，应及时清洗西瓜叶片和处理伤口。

（3）棚膜和棚架受损的　灾后及时修补薄膜，避免二次伤害，预防病害发生。

（4）细菌性病害的预防　遭受台风后的西瓜机械性损伤严重，伤口极易诱发西瓜细菌性果斑病，应加强对该病的预防，可选择 50% 春雷 · 王铜可湿性粉剂 1 000 倍液或 3% 中生菌素可湿性粉剂 800 倍液进行叶面喷雾。

（5）真菌性病害的预防　此时重点预防西瓜蔓枯病的发生，因为该病主要经伤口侵入西瓜植株内部引起发病，因此，台风过后极易感染。可选择 25% 啶氧菌酯悬浮剂 1 000 倍液或 10% 苯醚甲环唑水分散粒剂 800 倍液进行叶面喷雾。

（6）补充营养元素，促进根系生长　雨后及时清沟排水，受淹西瓜田由于根系受到胁迫，大棚西瓜先不要根部施肥，可以通过叶面喷施叶面肥的形式进行追肥，修复西瓜根系，恢复西瓜生长。可选择 3%～5% 磷酸二氢钾进行叶面喷雾。

（7）组织清理残苗和杂物　减少西瓜田污染，对受浸西瓜田进行消毒，加强病虫害防控。可结合整地作畦，应进行土壤消毒处理。最经济有效的办法是每亩撒石灰 75～100 kg，既能改良土壤，又能调节酸碱度，显著抑制土传病害的发生。

第三节　西瓜早衰及防治措施

当西瓜尚未达到膨大盛期，而植株就过早地表现出生长缓慢，茎节变短，瓜蔓变细，叶片变小，基部叶显著衰弱等现象时，一般称为“早衰”（图 9-2）。西瓜发生早衰，将会严重影响产量和品质，是西瓜生产影响高产的主要原因之一。

图 9-2　西瓜茎节变短，叶片变小

西瓜早衰主要原因如下。

（1）土壤黏重板结，通透性能差，植株根系欠发达，细根群少，吸收能力弱。

（2）病虫害为害，如蓟马、白粉虱、红蜘蛛、蔓枯病、炭疽病、角斑病、根结线虫病、枯萎病等。

（3）植株肥水不足，如底肥不足、追肥不及时或是用肥方法不当。

（4）高温干旱或多雨季节影响根系的发育与肥水吸收。

（5）整枝整蔓过重或过迟。

防止西瓜早衰的主要措施如下。

（1）加强肥水管理　肥水供应不足或不及时，往往是造成西瓜早衰的主要原因之一。如果立即追肥浇水，就可以使早衰症状得以缓解，建议追肥以速效氮肥为主，可采取根部追肥和叶面喷施肥料相结合。

（2）提高根系的吸收能力　根系发达，吸收功能良好，地上部分就能生长茂盛；根系发育不良或遭受不良气候影响时，也容易造成植株早衰。应根据实际情况找出原因，对症下药。如果发现根系发育不良，细根由白变黄甚至变褐、细根腐烂等，则可能是土壤积水或低温引起的根系发生生理性病害，需要加强排水，使根部土壤疏松、通气良好。低温引起，可在四周设置挡风屏障。等天气良好时，可选用挪威海藻素（海藻酸≥19.7%，K_2O≥19%，有机质≥45%）稀释 2 000 倍液进行灌根或稀释 3 000 倍液进行叶面喷施。

（3）做好病虫害防控　做好病虫害预防工作，可参考文中第四章西瓜病虫害防治方法，或咨询当地农技服务部门。

（4）合理整枝　整枝过重或单株留果较多，也容易造成植株早衰。建议参照一蔓一瓜、二蔓一瓜或三蔓二瓜的方式进行整枝。如果要达到高产，就要有一定的叶面积，加强叶面养护与保持叶片功能，因为蔓、叶生长良好是西瓜生长的基础。可叶面喷施 0.003% 丙酰芸苔素内酯水剂 3 000～5 000 倍液，配合硼肥、钾肥等叶面肥使用效果更好。

参考文献

沈镝, 李锡香, 冯兰香, 等, 2007. 葫芦科蔬菜种质资源对南方根结线虫的抗性评价[J]. 植物遗传资源学报, 8(3): 340-342.

李劲松, 2010. 西瓜设施栽培技术[M]. 海南: 海南出版社 .

贾文海, 2010. 西瓜栽培新技术[M]. 北京: 金盾出版社 .

李磊, 王佩圣, 周英, 等, 2014. 耐根结线虫病黄瓜砧木的筛选[J]. 山东农业科学, 46(10): 110-112.

侯伟, 杨福孙, 李尚真, 等, 2015. 低温寡照对海南棚栽西瓜生长的影响及其灾害等级指标[J]. 江苏农业科学, 43(8): 161-166.

李可, 邓云, 孙德玺, 等, 2016. 抗南方根结线虫西瓜砧木资源的筛选[J]. 中国瓜菜, 29(4): 15-18.

杨念, 王蔚宇, 孙玉竹, 等, 2017. 我国西瓜生产成本收益分析[J]. 中国瓜菜, 30(11): 37-39.

李汉丰, 杜公福, 党选民, 等, 2017. 6 种杀菌剂对西瓜炭疽病的防效试验[J]. 蔬菜(8): 41-44.

杜公福, 詹园凤, 刘子记, 等, 2017. 西瓜嫁接砧木对根结线虫的抗性分析[J]. 福建农业学报, 32(12): 1354-1358.

陈泽南, 梁少华, 楚箫, 等, 2019. 西瓜主要病害的识别和综合防治方法[J]. 中国瓜菜, 32(5): 76-77.

陈益果, 张有民, 王迪轩, 等, 2019. 西瓜科学施肥及注意事项[J]. 长江蔬菜(23): 63-67.

金海东, 尹明礼, 2019. 西瓜种植的气候条件与灾害防范措施[J]. 园艺种业(12): 80-81.

李干琼, 王志丹, 2019. 我国西瓜产业发展现状及趋势分析[J]. 中国瓜菜, 32(12): 79-83.

王开成, 2019. 西瓜枯萎病病原菌鉴定及药剂联合增效作用[J]. 湖北农业科学, 58(14): 59-61.

黄雅敏, 袁琪, 王春英, 等, 2020. 早春小果型西瓜高效栽培技术[J]. 陕西农业科学, 66(2): 100-102.

许佩, 何振华, 赵铭, 等, 2020. 西瓜疫病高效防治药剂筛选试验[J]. 长江蔬菜(2): 71-73.

张希宁, 胡宝贵, 2020. 中国西瓜文化探索[J]. 农学学报, 10(5): 72-76.

杜公福, 李汉丰, 詹园凤, 等, 2021. 海南西瓜蔓枯病病原菌的鉴定及 8 种杀菌剂对其室内毒力测定[J]. 长江蔬菜(14): 65-69.

附　录

附录1　海南西瓜蔓枯病病原菌的鉴定及8种杀菌剂对其室内毒力测定

西瓜是海南的特色产业，主要以反季节种植为主，种植面积约1.5万hm^2，种植方式主要有露地栽培和小拱棚栽培。在海南全年均可种植西瓜，效益好，然而，由于生产区连年种植，连作障碍日益严重，加上高温高湿环境，易引起土传病害发生，近几年西瓜蔓枯病频发，已成为海南西瓜重要的土传病害，显著降低了西瓜产量和品质。西瓜蔓枯病作为一种侵染西瓜的世界性病害，在西瓜整个生育期均可发病，该病害主要通过土壤和灌溉等途径传播，空气湿度高更有利于病菌孢子的存活和传播，对西瓜的生产和品质造成严重的影响。有研究显示，西瓜蔓枯病发病株率一般为15%～25%，严重时高达60%～80%，能在短时间内致使藤蔓枯死，严重爆发时甚至能造成15%的减产。中国热带农业科学院冬季瓜菜研究中心于2016—2017年在海南西瓜产区发现西瓜茎蔓开裂并密生小黑点现象，为明确该病的病原菌，本文对引起该西瓜茎蔓开裂病害的病原菌进行了分离、鉴定和药剂筛选。

国内对抗蔓枯病的西瓜品种仍然缺乏，尤其是中、小果型西瓜抗蔓枯病品种。由于海南高温多雨湿度大，这种气候有利于蔓枯病的发生，为有效控制病害蔓延，在生产中主要以化学防治为主。通过中国农药信息网查询，国内登记用于防治蔓枯病的药剂较少，有效成分主要是双胍三辛烷基苯磺酸盐、啶氧菌酯、嘧菌酯、代森锰锌、苯醚甲环唑等，市场上单剂或复配农药产品约有30个，但相关药效研究报道较少。为了提高防治西瓜蔓枯病的准确性，避免生产中盲目用药，试验选择8种登记的并且有代表性的杀菌剂、对西瓜蔓枯病菌进行室内毒力测定，筛选出防治西瓜蔓枯病的理想药剂，以期为防治西瓜蔓枯病提供理论依据。

1　材料与方法

1.1　供试植株

样本来源于海南省儋州市宝岛新村露地西瓜病株。

1.2 供试培养基

马铃薯葡萄糖琼脂（PDA）培养基。

1.3 供试杀菌剂

22.5% 啶氧菌酯悬浮剂（上海杜邦农化有限公司）；46% 氢氧化铜水分散粒剂（上海杜邦农化有限公司）；10% 苯醚甲环唑水分散粒剂［先正达（苏州）作物保护有限公司］；27% 春雷·溴菌腈可湿性粉剂（陕西汤普森生物科技有限公司）；24% 双胍·吡唑酯可湿性粉剂（陕西上格之路生物科学有限公司）；50% 多菌灵可湿性粉剂（江苏龙灯化学有限公司）；18.7% 丙环·嘧菌酯悬浮剂（瑞士先正达作物保护有限公司）；11% 精甲·咯·嘧菌悬浮种衣剂（先正达南通作物保护有限公司）。

1.4 病原菌分离纯化及致病性测定

从患病西瓜植株发病部位的病健交界处切取 5 mm × 5 mm 的组织块，经 75% 乙醇消毒，在无菌水中漂洗 3 次后将组织块移到 PDA 平板中，在 25℃黑暗条件下培养。待长出菌落后，通过挑取菌落边缘菌丝体进行纯化和转接培养；将纯化的菌种 MK06 接到黄瓜果实，放入接种盒中保湿，置于 25℃的光照培养箱中培养（每天光照 12 h）7 天左右，当其产生大量孢子时，用毛刷或刀片将孢子刮到无菌水中，用双层纱布过滤，离心，用血球计数板计算菌悬液浓度，并用无菌水对菌悬液进行稀释，配制成孢子含量为 1×10^6 个/mL 的菌悬液，然后选择喷雾法进行接种。设置 3 次重复，每次重复 10 株，接种后的植株放置于 26～28℃玻璃柜中，保湿。待接种植株发病后进行发病调查记录；并对接种发病的植株进行病原菌的再次分离和鉴定。

1.5 病原菌鉴定

挑取纯化好的 MK06 菌丝在 PDA 培养基上培养，记录菌落形态，依据分生孢子器、分生孢子形态特征、大小及其特性鉴定。基因组 DNA 的提取和纯化采用 CTAB 法进行，PCR 产物经 1% 琼脂糖凝胶电泳检测后，送往生工生物工程（上海）股份有限公司测序。将获得的序列于 GenBank 核酸序列库进行同源性比对分析，并用 Mega7.0 构建系统发育树。

1.6 毒力测定

试验采用菌丝生长速率法，根据预试验结果，选择各药剂适当的 5 个浓度（附表 1），将配制好的供试药剂母液按照设定的浓度比例加入已融化并冷却至 45℃左右的 PDA 培养基中，充分混匀后分别倒入直径 9 cm 的灭菌培养皿中，制成系列浓度的含药 PDA 平板。以不加药剂但含等量无菌水的 PDA 平板为对照。接入直径 5 mm 的菌饼，25℃恒温培养，每处理设 3 次重复。采用十字交叉法测量菌落直径，以平均值代表菌落大小。通过浓度对数值 X 和抑制率概率值 Y 之间的线性回归关系求出毒力回归方程和 EC_{50}。

1.7 数据处理

根据各处理 7 天的平均菌落直径净增长值，分别计算每种药剂各个浓度的实际抑制率，如式 1。建立以浓度的自然对数值为自变量 X，抑菌率的概率值为因变量 Y 的回归方程（毒力回归方程如式 2，a 为回归截距，b 为回归系数），用 DPS 数据处理系统计算各药剂的 EC_{50}。将抑制率换算成概率值（纵坐标）浓度换成 10 为底对数（横坐标），根据最小二乘法求出 EC_{50}。

$$抑制率=\frac{对照菌落直径平均数-处理菌落直径平均数}{对照菌落直径平均数-均块直径}\times 100\% \quad (1)$$

$$Y=a+bX \quad (2)$$

附表 1 供试 8 种杀菌剂对西瓜蔓枯菌菌丝生长的抑制浓度

供试药剂	供试浓度 /（μg/mL）				
22.5% 啶氧菌酯悬浮剂	0.1	0.3	1	3	10
46% 氢氧化铜水分散粒剂	0.1	0.3	1	3	10
10% 苯醚甲环唑水分散粒剂	0.1	0.3	1	3	10
27% 春雷・溴菌腈可湿性粉剂	0.1	0.3	1	3	10
24% 双胍・吡唑酯可湿性粉剂	0.1	0.3	1	3	10
18.7% 丙环・嘧菌酯悬浮剂	0.1	0.3	1	3	10
11% 精甲・咯・嘧菌悬浮种衣剂	0.1	0.3	1	3	10
50% 多菌灵可湿性粉剂	1	5	10	50	100

2 结果与分析

2.1 病害症状

蔓枯病叶片发病初期，初为水渍状小斑点，逐渐扩大形成灰褐至黄褐色，稍凹陷，边缘有黄色晕圈的圆形或不规则形病斑。随着病害的发展，病斑中间变成灰白色，往往有同心轮纹，易干枯破裂。茎蔓染病，病斑多呈不规则长条形，稍凹陷，浅灰褐色至深褐色，湿度大时有小黑点，引起茎蔓纵裂，严重时导致植株凋萎（附图 1）。

2.2　致病性测定

接种 7 天后西瓜叶片开始发病，茎基部变黄褐色，有轻微缢缩，并且伴有开裂现象，后期叶片萎蔫直至枯死。症状与田间观察相同，对照没有发病。将发病的病斑进行组织分离，获得的病原菌与原接种菌 MK06 一致，根据柯赫氏法则证明接种菌即为致病菌（附图 2）。

附图 1　田间发病症状

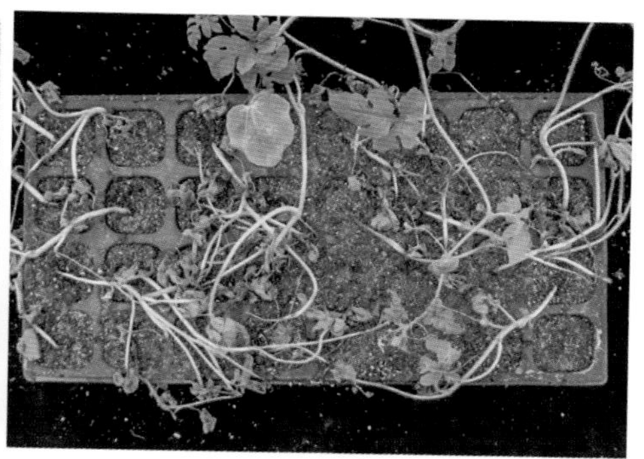

附图 2　致病性测定

2.3　病原菌鉴定

菌株 MK06 在 PDA 培养基上菌落正面近圆形，菌丝灰白色，似轮纹状扩展，菌落背面可见辐射状墨绿色菌丝。分生孢子器近球形，直径大小为 65.0～150.0 μm，成熟遇水时释放出大量分生孢子，并可形成孢子链。分生孢子为单胞或双胞，两端钝圆，无色，卵圆形或圆柱形，平均大小为 5.2 μm × 2.1 μm。该病菌的形态特征与陆家云等描述 *Phoma cucurbitacearum*（与 *Stagonosporopsis cucurbitacearum* 同物异名）的形态特征相似。

2.4　病原菌的 DNA-ITS 序列分析

引物 ITS4/ITS5 从菌株 MK06 基因组中扩增出长度为 548 bp 的 DNA 片段。利用 Blast 进行同源性比较比对，结果显示病原菌的 ITS 基因序列与已报道的 *S. cucurbitacearum* 同源性达 100% 以上。构建系统发育进化树显示，菌株 MK06 与 *S. cucurbitacearum*（MF401571.1、HQ914649.1、EU167573.1）聚在同一个分支上。结合形态学特征及分子生物学鉴定结果，最终确认西瓜蔓枯病菌为 *Stagonosporopsis cucurbitacearum*。

2.5　药剂毒力测定

西瓜蔓枯病菌对 22.5% 啶氧菌酯悬浮剂、46% 氢氧化铜水分散粒剂、

10% 苯醚甲环唑水分散粒剂、27% 春雷·溴菌腈可湿性粉剂、24% 双胍·吡唑酯可湿性粉剂、18.7% 丙环·嘧菌酯悬浮剂、11% 精甲·咯·嘧菌悬浮种衣剂和 50% 多菌灵可湿性粉剂 8 种不同类型杀菌剂的毒力水平如附表 2 所示。8 种杀菌剂都对西瓜蔓枯病菌均有一定的抑制作用，其中 24% 双胍·吡唑酯可湿性粉剂和 11% 精甲·咯·嘧菌悬浮种衣剂的毒力较强，EC_{50} 值分别为 0.101 7 mg/L 和 0.391 1 mg/L，EC_{50} 值均小于 1 mg/L。其次是 10% 苯醚甲环唑水分散粒剂和 18.7% 丙环·嘧菌酯悬浮剂，EC_{50} 值分别为 1.393 3 mg/L 和 3.037 6 mg/L。27% 春雷·溴菌腈可湿性粉剂和 22.5% 啶氧菌酯悬浮剂毒力效果一般，EC_{50} 值分别为 10.753 0 mg/L 和 20.982 6 mg/L；毒力效果较差的为 46% 氢氧化铜水分散粒剂和 50% 多菌灵可湿性粉剂，EC_{50} 值分别为 60.703 9 mg/L 和 151.477 0 mg/L。

附表 2　8 种杀菌剂对西瓜蔓枯病菌的室内毒力测定结果

供试药剂	毒力回归方程	相关系数	EC_{50}/（mg/L）
22.5% 啶氧菌酯悬浮剂	Y=4.316 7+0.516 9X	0.870 9	20.982 6
46% 氢氧化铜水分散粒剂	Y=4.580 2+0.235 4X	0.928 5	60.703 9
10% 苯醚甲环唑水分散粒剂	Y=4.906 4+0.649 6X	0.995 5	1.393 3
27% 春雷·溴菌腈可湿性粉剂	Y=4.141 4+0.832 4X	0.942 1	10.753 0
24% 双胍·吡唑酯可湿性粉剂	Y=6.581 5+1.592 9X	0.973 9	0.101 7
18.7% 丙环·嘧菌酯悬浮剂	Y=4.346 5+1.354 2X	0.994 7	3.037 6
11% 精甲·咯·嘧菌悬浮种衣剂	Y=5.684 5+1.678 8X	0.965 2	0.391 1
50% 多菌灵可湿性粉剂	Y=3.117 9+0.863 2X	0.993 9	151.477 0

3　结论与讨论

西瓜蔓枯病是为害西瓜的毁灭性病害，在世界各地均可见相关报道，但关于其病原菌的命名就比较混乱，颇具争议。Giovanni Passerini 首次在甜瓜上分离到蔓枯病菌，并将病原菌命名为 *Didymella melonis* Pass.。随后到 1891 年，William dudley、Casimir Roumeguere 和 Frederick Chester 三位真菌学者分别在美国黄瓜植株、法国黄瓜植株、美国西瓜植株上分别发现该菌，并根据其寄主植物及分生孢子形态分别为其命名为：*Phyllosticta cucurbitacearum* Sacc.，*Ascochyta cucumis* Fautr. & Roum. 以及 *Phyllosticta. citrullina* Chester。三名真菌学家均认为自己分离到了新的病菌，并进行命名及报道，这也是蔓枯病菌命名混乱的原因之一。

国内早期学者裘维番等研究根据病菌的形态学特征，将甜瓜等葫芦科植物蔓枯病菌鉴定为瓜类球腔菌 *Mycosphaerella melonis*，其无性型为壳二孢属（*Ascochyta*）。国际上多使用有性态为亚隔孢壳属的瓜类黑腐球壳菌 *Didymella bryoniae*（Auersw.）Rehm.，无性态为茎点霉菌 *Phoma cucurbitacearum*（Fr）Sacc。到 2010 年，Aveskamp 等利用形态学和分子标记方法，把 *Phoma* 细分出众多分支，认为蔓枯病菌无性态应命名为 *Stagonosporopsis cucurbitacearum*（Fr.）Aveskamp，Gruyter&Verkley。然而，另有一些学者认为在大多蔓枯病菌寄主植物上既可以发现其无性孢子也能发现其有性子实体，所以划分有性型和无性型意义并不大。在 2015 年，Stewart 等在 Aveskamp 和 Garampalli 的研究基础上，发现蔓枯病菌 *Satgonosporopsis* 由三个亲缘关系相近且形态学难以区分的种组成，病原菌分别是 *S. cucurbitacearum*、*S. citrulli* 和 *S. caricae*。根据 Stewart 等对蔓枯病菌最新的分类方法，谭蕊等对西南地区 274 株西瓜蔓枯病病原菌进行鉴定，其中 234 株病原菌为 *Stagonosporopsis citrulli*，40 株病原菌为 *S. caricae*，未见 *S. cucurbitacearum*，其中 *S. citrulli* 是优势种，而且菌种之间致病力、产孢能力具有一定显著差异。而本研究收集鉴定的西瓜蔓枯病菌为 *S. cucurbitacearum*，说明我国西瓜蔓枯病病原确实存在 3 个致病种，而且不同地理区域，其优势种群可能不一样。目前正在收集海南地区西瓜蔓枯病菌株，以期明确优势种群，为西瓜抗病育种及防治提供理论基础。

当前生产中对防治西瓜蔓枯病菌的药剂使用比较单一，很容易使病原菌产生抗药性。尤其是作用位点单一的内吸性药剂，长期大量的使用很容易产生抗药性，使药剂防效下降或失效。国外现已报道西瓜蔓枯病菌对嘧菌酯、甲基硫菌灵和苯菌灵产生抗药性，国内报道西瓜蔓枯病菌对多菌灵产生抗药性。在室内毒力测定试验中，本研究结果与李雨等的测定结果基本一致，苯醚甲环唑和含吡唑醚菌酯的药剂抑菌活性较好。而其他甲氧基丙烯酸酯类杀菌剂（啶氧菌酯）抑菌活性较差，同时多菌灵对西瓜蔓枯病菌抑菌活性效果最差，这与刘顺涛等报道西瓜蔓枯病菌对多菌灵产生抗药性结果相似。因此，在西瓜生产中可以选择 24% 双胍·吡唑酯可湿性粉剂和 11% 精甲·咯·嘧菌悬浮种衣剂来预防蔓枯病的发生，同时建议尽量避免长期使用作用位点单一的甲氧基丙烯酸酯类杀菌剂单剂（嘧菌酯、肟菌酯、醚菌酯等），可以选择其复配药剂，以缓解病原抗药性的产生概率，使药剂的使用寿命延长，保证杀菌效果。

附录 2 6 种杀菌剂对西瓜炭疽病的防效试验

西瓜［*Citrullus lanatus*（Thunb.）Mansf.］是一种重要的园艺经济作物，其果瓤脆多汁，堪称“瓜中之王”，是世界第五大果品。近年来随着海南西瓜栽培面积和需求量的不断增加，加上重茬、抗病品种较少和高温高湿气候等原因，西瓜病害种类增多且日趋加重，致使西瓜生产中的问题也日趋凸显，叶部病害西瓜炭疽病发生较为普遍。

西瓜炭疽病是西瓜上最主要、最常见的病害之一，由瓜类炭疽菌［*Colletotrichum orbiculare*（Berk.et Mont.）Arx］引起的西瓜炭疽病是一种危害仅次于西瓜枯萎病的世界性病害，该病在西瓜的整个生育期均可发生，可侵染叶片、茎蔓和果实，且病原菌在采摘前也可侵染，所以该病也是西瓜运输和贮藏期的主要病害之一，严重影响了西瓜的口感和品质，造成了巨大的经济损失。西瓜炭疽病的防治备受研究者的青睐。目前，化学防治是农业生产中对西瓜炭疽病最主要的防治措施。为此中国热带农业科学院冬季瓜菜研究中心开展 6 种杀菌剂的田间药效试验，以期为西瓜炭疽病的安全防治提供理论依据。

1 材料与方法

1.1 试验材料

试验药剂：10% 苯醚甲环唑水分散粒剂（瑞士先正达作物保护有限公司）；25% 吡唑嘧菌酯乳油（巴斯夫中国有限公司）；25% 溴菌腈可湿性粉剂（江苏托球农化有限公司）；50% 多菌灵可湿性粉剂（上海升联化工有限公司）；50% 咪鲜胺锰盐可湿性粉剂（拜耳作物科学公司）；80% 代森锰锌可湿性粉剂（江苏南通德斯益农化工有限公司）。

试验作物：小果型西瓜（美月），中国热带农业科学院热带作物品种资源研究所选育的早熟小果型西瓜杂交品种。

1.2 环境条件

试验在海南省儋州市宝岛新村蔬菜基地设施大棚进行，试验地为沙壤土，肥力中等，pH 值为 6.1，试验开始前西瓜长势均匀一致。

1.3 试验设计、施药日期及施药方法

试验设供试药剂及对照共设 7 个处理（附表 1），4 次重复，小区随机排

列，共28个小区，小区面积30 m^2，试验小区随机区组排列。西瓜2016年1月20日定植，授粉前一周（16节位开始授粉）开始施药，分别于2月18日、2月25日、3月3日采用卫士牌手动喷雾器WS-16进行药剂喷施，共喷药3次。4月5日摘瓜时分别测定其果实中心和边缘的可溶性固形物等含量，炭疽病调查方法按照药效试验准则进行，试验数据主要采用Excel 2003进行处理，方差分析采用DPS 7.05分析软件进行显著性分析。

附表1　供试药剂试验设计

处理编号	药剂	有效成分用量/(g/hm^2)	稀释倍数
A_1	10%苯醚甲环唑水分散粒剂	225	1 000倍
A_2	25%吡唑醚菌酯乳油	225	1 000倍
A_3	25%溴菌腈可湿性粉剂	225	1 000倍
A_4	50%多菌灵可湿性粉剂	300	750倍
A_5	50%咪鲜胺锰盐可湿性粉剂	225	1 000倍
A_6	80%代森锰锌可湿性粉剂	300	750倍
A_7	空白对照		

1.4　气候情况

试验第1次施药时，多云，气温18.0～26.0℃；第2次施药时，阴天，气温15.0～25.0℃，药后24～48 h均有小雨；第3次施药时，阴天，气温18.0～25.0℃，药后48 h、72 h分别有中雨和小雨，试验期间日平均气温约21.2℃，最高气温26℃，最低气温15℃。

1.5　调查方法和药效计算方法

施药前每小区随机10株取样，茎蔓自上而下查10片叶（在茎蔓基部做标记），共100片叶，分别记载各叶片病害级数。

西瓜炭疽病分级标准（以叶片为单位）如下。

0级：无病斑；

1级：病斑面积占整个叶面积的5%以下；

3级：病斑面积占整个叶面积的6%～10%；

5级：病斑面积占整个叶面积的11%～25%；

7级：病斑面积占整个叶面积的26%～50%；

9级：病斑面积占整个叶面积的51%以上。

数据分析采用 Excel 2003 和 DPS 7.05 软件。

根据以下公式进行计算：

$$病情指数=[\sum(各级病株数\times相应级数值)/(调查总株数\times9)]\times100 \quad (1)$$

$$防治效果(\%)=\left(1-\frac{药前对照病指\times药后处理病指}{药后对照病指\times药前处理病指}\right)\times100 \quad (2)$$

2 结果与分析

2.1 不同药剂处理对西瓜炭疽病的防治效果

试验结果表明（附表 2），6 种杀菌剂对西瓜炭疽病的防治效果有差异。末次药后 7 天调查，A_1～A_6 防效分别为 71.20%、73.07%、67.69%、50.59%、78.30%、48.40%，其中 50% 咪鲜胺锰盐可湿性粉剂防治效果最佳，其次是 25% 吡唑醚菌酯乳油和 10% 苯醚甲环唑水分散粒剂，防效都在 70% 以上；80% 代森锰锌可湿性粉剂和 50% 多菌灵可湿性粉剂防治效果较差，各个药剂间均有差异性。试验观察发现，供试药剂所示浓度对西瓜植株生长安全。

附表 2　不同药剂处理防治西瓜炭疽病的效果

处理	药前病指	第 1 次 7 天		第 2 次 7 天		第 3 次 7 天	
		平均病指	平均防效 /%	平均病指	平均防效 /%	平均病指	平均防效 /%
A_1	1.42	4.32	43.28eE	3.03	60.19cC	2.36	71.20cC
A_2	1.47	3.47	55.60bB	2.06	66.15aA	1.56	73.07bB
A_3	1.39	3.36	52.94cC	1.97	61.64bB	1.64	67.69dD
A_4	1.56	4.11	48.41dD	3.08	47.06eE	4.61	50.59eE
A_5	1.36	2.83	60.59aA	1.36	66.53aA	0.89	78.30aA
A_6	1.56	4.86	43.98eE	4.17	49.81dD	6.05	48.40fF
A_7	1.42	7.97		13.83		39.56	

2.2 不同药剂处理对西瓜产量及糖度的影响

试验结果表明（附表 3），A_1、A_2、A_3、A_4、A_5、A_6 处理均比对照产量增加，达到显著水平，其中 A_5 增产达 30.96%，其他处理相对于对照均增产达

15% 以上。药剂处理后果实可溶性固形物含量也存在差异，A_2 和 A_5 处理可溶性固形物含量最高，与其他处理达差异水平。

附表 3 不同药剂处理对西瓜产量及糖度的影响

处理	平均产量 /kg	产量 /（kg/ 亩）	比对照增产 /%	中心可溶性固形物含量 /%	边缘可溶性固形物含量 /%
A_1	110.22abA	2 450.63abA	24.86abA	11.3abABC	9.8bA
A_2	113.48aA	2 523.11aA	28.26aA	12.0aA	10.0aA
A_3	107.93abA	2 399.72abA	22.37abA	11.1bcABC	10.0aA
A_4	103.24bA	2 295.36bA	16.95bA	10.8bcBC	9.8cB
A_5	115.62aA	2 570.62aA	30.96aA	11.8aAB	10.0aA
A_6	103.17bA	2 293.74bA	16.91bA	10.5cCD	9.6cB
A_7	88.34cB	1 963.95cB		9.8dD	9.0dC

3 结论与讨论

试验结果表明，50% 咪鲜胺锰盐可湿性粉剂对西瓜炭疽病的防治效果好，其次是 25% 吡唑醚菌酯乳油和 10% 苯醚甲环唑水分散粒剂，防效都在 70% 以上，与其他药剂达到差异水平，是目前控制西瓜炭疽病发生蔓延的理想药剂。80% 代森锰锌可湿性粉剂和 50% 多菌灵可湿性粉剂防治效果较差，已达不到较好的效果，可能是长期使用病原菌已对其产生抗性。

目前防治炭疽病，仍然以化学防治为主。田间防治主要有以下几类杀菌剂。第一是苯并咪唑类杀菌剂，如多菌灵、甲基硫菌灵等，该类杀菌剂是 20 世纪 60 年代后期开发的一类非常重要的药剂。其作用机制是与病原菌的 β - 微管蛋白结合，抑制微管的形成，由于微管聚合而成纺锤丝，纺锤丝形成纺锤体，因此导致纺锤体的形成受阻，干扰破坏病原菌的有丝分裂，起到杀菌的作用，但是，苯并咪唑类杀菌剂作为单作用位点的内吸性杀菌剂，长期单一大剂量的使用，加上该类杀菌剂之间存在正交互抗药性，病原菌产生抗药性的问题越来越严重。第二类是麦角甾醇生物合成抑制剂类杀菌剂，如咪鲜胺、苯醚甲环唑，对炭疽病防治效果较好，其作用机制主要是干扰麦角甾醇生物合成，导致细胞膜的结构和功能受阻，使病原菌不能正常代谢，导致膜的完整性、流动性和透性发生改变，造成病原菌死亡。第三类是甲氧基丙烯酸酯类杀菌剂，如吡唑醚菌酯、嘧菌酯等，对瓜类作物较安全高效，在西瓜炭疽病的防治上得到了广泛的应用，但该类药剂作用位点单一，病原菌对其容易产生抗性，尤其是嘧菌酯产生抗性国内外均有报道。应严格按照生产商推荐的喷雾间隔期及施药量进行施药，与有效混配使用等措施来缓解抗药性。第四类是有机硫杀菌剂，如代森锰锌、代森锌、丙森锌等，该类药剂主要是以保护性为主，在发病初期或发病前使用有较好的保护作用。在防治病害过程中，尽量避免长期重复使用单一药剂，应将不同种类的杀菌剂轮换或复配使用，以缓解病原抗药性的产生概率，使药剂的使用寿命延长，保证杀菌效果。

附录 3　西瓜枯萎病病原菌鉴定及药剂联合增效作用

海南省西瓜枯萎病发生较为普遍，目前防治西瓜枯萎病尚无特别有效的药剂。中国热带农业科学院冬季瓜菜研究中心于 2015—2016 年在海南陵水润达设施西瓜基地发现西瓜萎蔫死苗现象，为明确该病的病原菌，本文对引起该萎蔫死苗病害的病原菌进行了分离、鉴定和药剂防治。

本试验药剂防治筛选选择氨基寡糖素和咪鲜胺。氨基寡糖素是从海洋甲壳类动物外壳中提取的壳聚糖通过生物酶解工程制备而来的新型生物制剂，通过诱导植物体提高自身对外界的免疫力，从而抗病、抗逆（寒害、干旱），促进作物健康生长，是一类新型多功能植物免疫诱抗剂。咪鲜胺是一种高效、广谱、低毒的甾醇脱甲基化抑制剂，其作用方式独特，可通过与细胞色素 P450 甾醇生物合成的必需酶 14 α - 脱甲基酶（CYP51）的血红素铁相互作用而抑制真菌的生长，对多种真菌性病害有效。本研究工作旨在探寻两类作用机理不同的杀菌剂（免疫诱抗剂和咪唑类杀菌剂）的最佳混配比例，从而达到延长杀菌剂产品使用寿命、提高药效、降低使用成本、改善质量的目的。

1　材料与方法

1.1　供试植株

样本来源于海南省陵水县英州镇陵水润达公司设施西瓜（小果型西瓜：美月）病株。

1.2　供试培养基

马铃薯葡萄糖琼脂（PDA）培养基和马铃薯葡萄糖（PD）液体培养基。

1.3　供试杀菌剂

85% 氨基寡糖素原药（海南正业中农高科股份有限公司）；97% 咪鲜胺原药（湖北晟隆化工有限公司）。

1.4　病原菌分离纯化及致病性测定

从患病西瓜植株发病部位的病健交界处切取 5 mm × 5 mm 的组织块，经 75% 乙醇消毒，在无菌水中漂洗 3 次后将组织块移到 PDA 平板中，在 25 ℃黑暗条件下培养。待长出菌落后，通过挑取菌落边缘菌丝体进行纯化和转接培养；将纯化的菌种 HNXG1601 接到液体培养基（PD）中，28℃，125 r/min 的恒温摇床上振荡培养 6～7 天后，用双层纱布过滤，离心，用血球计数板计算菌悬液浓度，并用无菌水对菌悬液进行稀释，配制成孢子含量为 1×10^6 个 /mL 的菌悬液，然后选择伤根法进行接种。设置 3 次重复，每次重复 10 株，接种后的植株放置于 26～28℃玻璃柜中，保湿。待接种植株发病后进行发病调查记录；并对接种发病的植株进行病原菌的再次分离和鉴定。

1.5 病原菌鉴定

挑取纯化好的 HNXG1601 菌丝在 PDA 培养基上培养，记录菌落形态，依据分生孢子梗、分生孢子形态特征、大小及其特性鉴定。基因组 DNA 的提取和纯化采用 CTAB 法进行，将扩增产物进行测序，并利用 BLAST 与 GenBank 上已发表基因进行同源性对比。

1.6 毒力测定

试验采用菌丝生长速率法，根据预试验结果，选择各药剂适当的 5 个浓度（附表 1），将配制好的供试药剂母液按照设定的浓度比例加入已融化并冷却至 45℃左右的 PDA 培养基中，充分混匀后分别倒入直径 9 cm 的灭菌培养皿中，制成系列浓度的含药 PDA 平板。以不加药剂但含等量无菌水的 PDA 平板为对照。接入直径 5 mm 的菌饼，25℃恒温培养，每处理设 3 次重复。采用十字交叉法测量菌落直径，以平均值代表菌落大小。通过浓度对数值 X 和抑制率概率值 Y 之间的线性回归关系求出毒力回归方程和 EC_{50}。

附表 1 供试 2 种杀菌剂对西瓜枯萎病菌菌丝生长的抑制浓度

供试药剂原药	混配配比	供试浓度 /（μg/mL）				
85% 氨基寡糖素原药	—	0.10	0.50	2.50	10.00	50.00
97% 咪鲜胺原药	—	0.05	0.10	0.25	0.50	1
85% 氨基寡糖素原药：97% 咪鲜胺原药	1∶1	0.05	0.10	0.25	0.50	1
	1∶3	0.05	0.10	0.25	0.50	1
	1∶5	0.05	0.10	0.25	0.50	1
	3∶1	0.05	0.10	0.25	0.50	1
	5∶1	0.05	0.10	0.25	0.50	1

2种杀菌剂混配效果测定：对2种药剂85%氨基寡糖素和97%咪鲜胺原药进行混配，有效成分配比为1∶1、1∶3、1∶5、3∶1、5∶1，每个配比配制成相应5个浓度梯度。采用生长速率法对西瓜枯萎病菌进行联合毒力测定。计算混配剂对菌丝生长抑菌率，分别求得药剂不同混配比例的毒力回归方程、EC_{50}和相关系数。并根据孙云沛公式计算共毒系数CTC，确定不同比例混剂的相互作用。

1.7　数据处理

根据各处理7天的平均菌落直径净增长值，分别计算每种药剂各个浓度的实际抑制率，如式1。建立以浓度的自然对数值为自变量X，抑菌率的概率值为因变量Y的回归方程（毒力回归方程如式2，a为回归截距，b为回归系数），用DPS数据处理系统计算各药剂的EC_{50}。将抑制率换算成概率值（纵坐标）浓度换成10为底对数（横坐标），根据最小二乘法求出EC_{50}。根据孙云沛公式计算共毒系数CTC（式3～6）。

$$抑制率=\frac{对照菌落直径平均数-处理菌落直径平均数}{对照菌落直径平均数-菌块直径}\times100\% \quad (1)$$

$$Y=a+bX \quad (2)$$

$$毒力指数TI=\frac{标准药剂EC_{50}}{供试药剂EC_{50}}\times100 \quad (3)$$

$$实际毒力指数ATI=\frac{标准药剂EC_{50}}{混剂EC_{50}}\times100 \quad (4)$$

$$混配理论毒力指数\ TTI=T1\times(A/A+B)+T2\times(B/A+B) \quad (5)$$

$$共毒系数\ CTC=(ATI/TTI)\times100 \quad (6)$$

T1：标准药剂毒力指数；T2供试药剂毒力指数。（A/A+B）：标准药剂混配中所占的百分比；（B/A+B）：供试药剂混配中所占的百分比。

以CTC值评判两种药剂的联合毒力作用。CTC值小于80为拮抗作用，80～120时为相加作用，大于120为增效作用。

2　结果与分析

2.1　病害症状及致病性测定

接种5天后西瓜茎基部开始发病，茎基部变黄褐色，有轻微缢缩，并且伴有开裂现象，后期叶片萎蔫直至枯死，有时造成幼苗猝倒。症状与田间观察相同，对照没有发病。将发病的病斑进行组织分离，获得的病原菌与原接种菌HNXG1601一致，根据柯赫氏法则证明接种菌即为致病菌。

2.2　病原菌鉴定

培养性状：25℃黑暗条件下在PDA培养基上培养4天，菌丝辐射状向外生长，气盛菌丝毡状，绒状，菌落白色至浅红色。菌落生长前期培养基为白色，后期培养基不变色或变浅红褐色（附图1～附图2）。

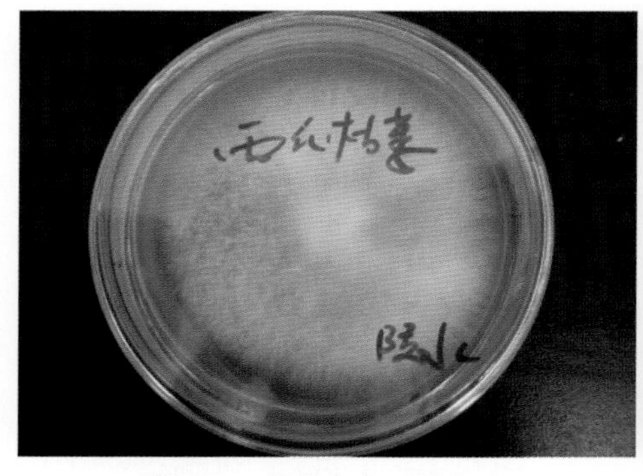

附图1　菌落白色至浅红色

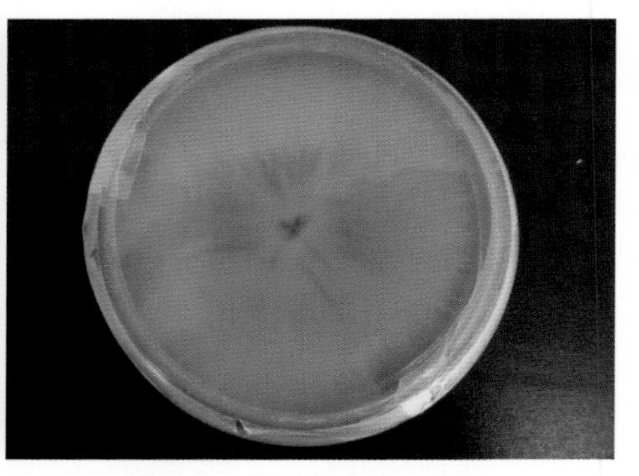

附图2　培养基变浅红褐色

显微特征：病原菌菌丝无色，多分枝，具隔膜；产孢细胞为单瓶梗，结构简单，产孢梗短，直立，无色，不具隔膜；典型的小型分生孢子数量多，小型分生孢子假头状着生，卵圆形至椭圆形，大小为（6.3～13.8）μm×（2.5～4.0）μm；大型分生孢子有或无，镰刀形或梭形，美丽型，向两端渐尖，足细胞明显，多为2～4个隔膜，大小为（18.6～37.8）μm×（2.5～4.5）μm（附图3）；厚垣孢子多顶生，单生或串生，黄褐色，球形或近球形。

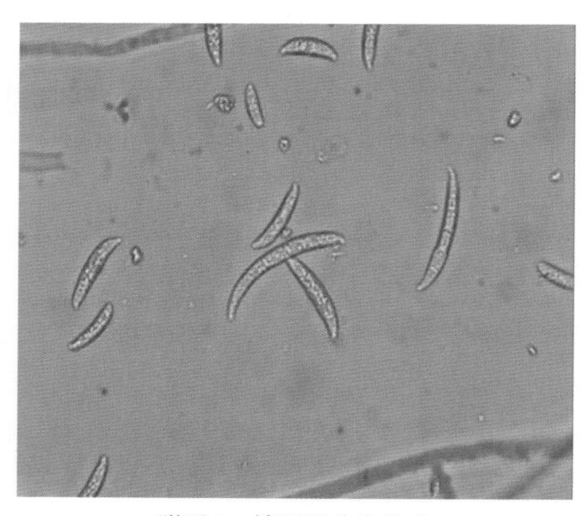

附图3　镰刀形分生孢子

对病原菌进行扩增，片段大小为545 bp。测序结果与NCBI基因序列进行比对，发现菌株HNXG1601与登录号为KC201696.1的菌株同源性达100%。结合形态学进一步鉴定该病原菌为尖孢镰刀菌（*Fusarium oxysporum* Schlecht）。

2.3　药剂联合毒力测定

结果表明，氨基寡糖素：咪鲜胺=1：1、1：3和1：5时共毒系数分别为33.68、56.97、73.34，小于80，属于拮抗作用；氨基寡糖素：咪鲜胺=3：1和5：1时共毒系数分别为167.88和149.67，大于120，具有增效作用，且混配比为3：1是增效最高，具有明显增效作用（附表2）。

附表2　氨基寡糖素与咪鲜胺混配对西瓜枯萎病菌菌丝生长的抑制作用

供试药剂原药	混配配比	毒力回归方程	相关系数	EC_{50}/（mg/L）	CTC
85%氨基寡糖素原药	—	Y=2.933 6+0.503 7X	0.990 7	12 652.524 9	—
97%咪鲜胺原药	—	Y=5.986 5+0.803 6X	0.997 7	0.059 2	—
85%氨基寡糖素：97%咪鲜胺原药	1：1	Y=5.561 1+1.236 6X	0.992 3	0.351 7	33.68
	1：3	Y=5.591 6+0.689 2X	0.955 8	0.138 6	56.97
	1：5	Y=5.790 0+0.779 3X	0.982 8	0.096 9	73.34
	3：1	Y=5.680 9+0.800 5X	0.976 8	0.141 1	167.88
	5：1	Y=5.573 8+0.918 9X	0.992 8	0.237 4	149.67

3　讨论

尖孢镰刀菌（*Fusarium oxysporum Schlecht*）是一种为害严重寄主广泛的土壤习居菌，能够侵染葫芦科、茄科、十字花科、豆科、花卉、水果等多种作物，导致枯萎病的发生。枯萎病在作物的全生育期内均可发生，其症状常表现为植株萎蔫、叶片早落、维管束系统褐变、堵塞，最终使植株死亡，每年均造成巨大的经济损失。本文通过形态学及ITS测序，鉴定出引起海南陵水润达设施西瓜基地西瓜萎蔫死苗的病原菌为尖孢镰刀菌（*Fusarium oxysporum* Schlecht）。目前，针对由尖孢镰刀菌引起的枯萎病的防控仍以化学药剂防治为主，本研究通过前人对枯萎病的防治研究，筛选两类作用机理不同的杀菌剂（免疫诱抗剂和咪唑类杀菌剂）进行混配增效试验，发现由氨基寡糖素和咪鲜胺混配比例在3：1时增效作用最好，共毒系数为167.88，对西瓜枯萎病菌菌丝具有很好的抑制效果。

氨基寡糖素本身对病原菌的抑制作用较弱，主要是通过诱导植物体提高自身对外界的免疫力，从而达到抗病，促进作物健康生长，是一类新型多功能植物免疫诱抗剂。咪鲜胺是一种高效、广谱、低毒的甾醇脱甲基化抑制剂，其作用方式独特，可通过与细胞色素P450甾醇生物合成的必需酶14α-脱甲基酶（CYP51）的血红素铁相互作用而抑制真菌的生长，目前田间尚未检测到对咪鲜胺产生抗性的尖孢镰刀菌菌株，并且国外早有使用咪鲜胺防治由尖孢镰刀菌引起的枯萎病的报道，并具有较好的防效，但在中国尚未大面积应用推广。

本试验室内药剂毒力测定结果，可以看出氨基寡糖素：咪鲜胺=3：1时对西瓜枯萎病菌菌丝具有很好的抑制效果。为西瓜生产上防治该病提供了理论依据。但药剂在室内平板上的抑菌活性和在田间西瓜上的作用效果不一定完全一致，因此还有待做进一步田间的防治效果试验。

附录 4 西瓜嫁接砧木对根结线虫的抗性分析

海南省西瓜根结线虫病发生较为普遍，嫁接是目前防治土传病害最经济有效的方法，相对于其他技术，它是一项投资少、周期短、见效快的无公害蔬菜生产技术，越来越受到人们青睐，而筛选出适宜的嫁接砧木，是提高嫁接防病效果的关键。

海南省西瓜种植约 20 万亩，90% 以上采用嫁接苗，通过嫁接不仅能减少病虫害的发生，还可以提高抗逆能力和肥水利用率，增加产量。通过对西瓜主产区调查，目前存在嫁接砧木品种老化、抗性减弱等问题，尤其缺乏高抗根结线虫病的砧木。针对这一问题，我们通过引进国内科研单位和企业一些砧木资源，在接种南方根结线虫条件下，通过测定各西瓜砧木的生长指标和抗病指标，运用聚类分析和隶属函数分析结合的方法，筛选抗、中抗、感病、高感 4 类西瓜砧木，以期科学地为生产应用和选育抗根结线虫病的西瓜砧木品种提供理论依据。

1 材料与方法

1.1 试验材料

供试西瓜砧木 13 种，名称及来源详见附表 1。

附表 1 供试砧木品种及其来源

编号	品种	来源	编号	品种	来源
1	京欣砧王	北京京研益农科技发展中心	8	强根	先正达
2	京欣砧 5 号	海南富友种苗有限公司	9	京欣砧 4 号	北京京研益农科技发展中心
3	雪藤木二号	海南富友种苗有限公司	10	京欣砧 2 号	北京京研益农科技发展中心
4	京欣砧冠 F1	北京京研益农科技发展中心	11	京欣砧 3 号	北京京研益农科技发展中心

附表1 （续）

编号	品种	来源	编号	品种	来源
5	日本雪松 F1	山东寿光市洪亮种子有限公司（代理）	12	黑籽南瓜	北京普瑞威洱园艺有限公司
6	亲抗水瓜	湖南雪峰种业有限责任公司	13	勇士	海南富友种苗有限公司
7	京欣砧 6 号	北京京研益农科技发展中心			

1.2 试验方法

人工接种试验于 2016 年 3—5 月在中国热带农业科学院热带作物品种资源研究所蔬菜基地设施大棚内进行。3 月 18 日，将砧木种子浸种、催芽，3 月 20 日播种于 50 孔穴盘中，穴盘内装高温灭菌基质（蛭石：土壤 =1：2）。3 月 26 日砧木第 1 片真叶露心时，选取长势一致的植株移栽至 20 cm × 13 cm 塑料盆中，每品种 18 盆，每盆内 1 株，盆内装高温灭菌基质（沙：土壤 =1：2）。4 月 4 日，待砧木苗长至二叶一心时，任选 10 盆采用根际打孔法接种南方根结线虫，每盆 3 000 个卵粒；选 8 盆注入等量清水作为对照南方根结线虫卵粒收集参考《植物病原线虫学》。

1.3 项目测定

1.3.1 生长指标

5 月 24 日，接种线虫后 50 天，任选 6 盆接种线虫植株测定株高、茎粗、地上部鲜重、根鲜重，以 2 株平均值为一个处理重复小区的实测值，计算幼苗相对生长量。计算相对生长量，相对生长量（%）=（处理区测定值/对照区测定值）× 100%。

1.3.2 抗病指标

5 月 24 日，在测定生长指标的同时，测定其抗病指标。参照吕星光的方法对其抗病性进行分级。

0 级：根部无根瘤；

1 级：根部形成 1～2 个根瘤；

2 级：根部形成 3～10 个根瘤；

3 级：根部形成 11～30 个根瘤；

4 级：根部形成 31～100 个根瘤；

5 级：根部形成根瘤数超过 100 个。

病情指数 =∑（各病级植株数 × 该级数）/（调查总株数 × 最重病级数值）×100。

采用 BOITEUX 等方法计算根结指数、卵粒指数和线虫繁殖系数。根结指数（GI）= 单株根结数 / 单株根鲜重；卵粒指数（EI）= 单株卵粒数 / 单株根鲜重；线虫繁殖系数（RF）= 单株卵粒数 / 单株卵接种量。

1.3.3 隶属函数

生长指标的隶属函数值参照公式 $X(\mu)=(X-X_{min})/(X_{max}-X_{min})$，抗病指标的隶属函数值参照公式 $X(\mu)=1-(X-X_{min})/(X_{max}-X_{min})$。其中 X 为西瓜砧木某指标的测定值，X_{max} 为所有西瓜砧木该指标测定的最大值，X_{min} 为所有西瓜砧木该指标测定的最小值。隶属函数值越大，表明该西瓜砧木抗南方根结线虫的能力越强。

1.4 统计分析

采用 Excel 2003 软件进行数据处理，计算平均值，采用 DPS 软件进行方差分析及最小显著差异性检验，进行聚类分析，对原始数据进行标准化后，经欧氏距离法计算样本间距离，用类平均法聚类。

2 结果与分析

2.1 南方根结线虫对不同西瓜砧木幼苗生长指标的影响

由附表 2 得出，不同西瓜砧木在接种南方根结线虫 50 天后，幼苗在株高、茎粗、地上鲜重及根鲜重等方面均比对照降低，表明砧木感染南方根结线虫后，显著影响了幼苗的生长。通过计算不同砧木相对生长量，在株高方面，京欣砧王株高最高，然后是京欣砧 4 号和日本雪松；在茎粗方面，雪藤木 2 号茎粗最高，然后是日本雪松；在地上鲜重方面，以京欣砧王最高，其次是京欣砧 6 号；在根鲜重方面，以雪藤木 2 号最高，其次是京欣砧 4 号。计算不同生长指标的变异系数可以看出，株高的变异系数最大，为 6.41%，说明南方根结线虫侵染对幼苗株高的影响较大。

附表 2　南方根结线虫对不同西瓜砧木资源幼苗生长指标的影响

品种	相对生长量 /%			
	株高	茎粗	地上鲜重	根鲜重
京欣砧王	90.62 ± 4.87a	84.62 ± 2.35ab	94.01 ± 3.79a	84.35 ± 1.47abcd
京欣砧 5 号	65.19 ± 6.92bcd	61.16 ± 2.31c	56.64 ± 3.04de	82.86 ± 3.52abcd
雪藤木 2 号	71.02 ± 2.30b	94.44 ± 2.69a	50.89 ± 2.80def	92.57 ± 4.79a
京欣砧冠	47.66 ± 6.67f	80.56 ± 3.73ab	33.58 ± 2.02g	82.88 ± 3.56abcd
日本雪松	83.07 ± 7.62a	95.25 ± 3.14a	49.64 ± 1.69ef	78.46 ± 2.32bcd
亲抗水瓜	55.99 ± 2.31def	88.44 ± 5.89ab	57.96 ± 5.06de	83.47 ± 4.20abcd
京欣砧 6 号	68.61 ± 3.40bc	79.24 ± 3.61ab	76.48 ± 1.65b	85.74 ± 4.53abcd
强根	59.32 ± 3.56cde	72.99 ± 2.95bc	52.63 ± 1.66def	89.74 ± 2.56bcd
京欣砧 4 号	83.77 ± 3.34a	83.89 ± 2.15ab	62.2 ± 2.20cd	94.24 ± 3.97a
京欣砧 2 号	64.54 ± 3.25bcd	87.21 ± 6.09ab	49.67 ± 2.28ef	90.18 ± 3.64ab
京欣砧 3 号	59.39 ± 5.31cde	73.89 ± 3.05bc	41.82 ± 1.96fg	77.76 ± 1.94cd
黑籽南瓜	61.09 ± 2.84bcde	85.33 ± 3.61ab	43.38 ± 3.08fg	74.77 ± 2.08d
勇士	51.60 ± 3.61ef	92.38 ± 1.79a	71.95 ± 1.75bc	74.24 ± 1.71d
变异系数（%）	6.41	4.01	4.45	3.69

2.2　接种南方根结线虫对西瓜砧木抗病指标的影响

由附表 3 得出，不同西瓜砧木感染南方根结线虫后引起的抗病指标存在差异显著。京欣砧王根结指数最小，抗性最强；其次是京欣砧冠；京欣砧王卵粒指数最小，抗性最强，其次是雪藤木 2 号；京欣砧王繁殖系数最小，抗性最强，其次是雪藤木 2 号；京欣砧王病情指数最小，抗性最强，其次是京欣砧 4 号。计算不同抗性指标的变异系数可以看出，根结指数的变异系数最大，为 7.13%，说明根结指数更能反映西瓜砧木的抗病能力。

附表 3　接种南方根结线虫对西瓜砧木抗病指标的影响

品种	根结指数	卵粒指数	繁殖系数	病情指数
京欣砧王	1.99 ± 0.11j	420.35 ± 32.59e	1.01 ± 0.01e	29.75 ± 2.55f
京欣砧 5 号	5.27 ± 0.23h	498.89 ± 38.89cd	1.06 ± 0.01bc	64.03 ± 3.27e
雪藤木 2 号	6.29 ± 0.41fg	447.16 ± 31.46de	1.03 ± 0.01de	43.50 ± 5.07de

附表 3（续）

品种	根结指数	卵粒指数	繁殖系数	病情指数
京欣砧冠	4.03 ± 0.22i	448.57 ± 32.83de	1.04 ± 0.01cde	43.21 ± 4.95cd
日本雪松	7.59 ± 0.25e	481.46 ± 16.73cde	1.05 ± 0.02bcd	46.14 ± 7.32de
亲抗水瓜	6.01 ± 0.37g	518.11 ± 49.47bc	1.07 ± 0.02b	71.72 ± 3.17c
京欣砧 6 号	9.24 ± 0.81c	530.43 ± 42.31bc	1.14 ± 0.01a	80.21 ± 2.88b
强根	8.24 ± 0.47d	444.57 ± 20.92de	1.04 ± 0.02cde	59.58 ± 4.29e
京欣砧 4 号	6.69 ± 0.51f	584.76 ± 15.20b	1.07 ± 0.01b	40.83 ± 3.15e
京欣砧 2 号	8.50 ± 0.63d	572.81 ± 32.08b	1.07 ± 0.01b	83.61 ± 1.05ab
京欣砧 3 号	6.81 ± 0.47f	467.15 ± 12.29cde	1.06 ± 0.03bc	84.08 ± 3.00ab
黑籽南瓜	12.21 ± 1.17b	655.51 ± 58.58a	1.07 ± 0.02b	84.03 ± 6.27ab
勇士	13.45 ± 1.23a	662.52 ± 45.68a	1.07 ± 0.01b	88.96 ± 6.27a
变异系数（%）	7.13	6.37	1.45	6.50

2.3 南方根结线虫侵染后西瓜砧木幼苗相关指标的隶属函数值

由附表 4 看出，根据南方根结线虫对不同西瓜砧木幼苗相对生长量及抗性指标的隶属函数总值，可将供试西瓜砧木抗南方根结线虫能力进行排序。其中京欣砧王的隶属函数总值最大，达 5.70，表示其抗南方根结线虫的能力最强；其次是京欣砧 4 号、京欣砧 5 号和雪藤木 2 号；勇士的隶属函数总值最小，仅为 3.50，表明其抗南方根结线虫的能力最弱。

附表 4　南方根结线虫对西瓜砧木幼苗相关指标隶属函数值的影响

品种	株高	茎粗	地上部鲜重	根鲜重	根结指数	卵粒指数	繁殖系数	病情指数	总计
京欣砧王	0.60	0.60	0.65	0.65	0.93	0.33	1.01	0.93	5.70
京欣砧 5 号	0.58	0.67	0.48	0.59	0.64	0.40	1.06	0.71	5.13
雪藤木 2 号	0.44	0.44	0.50	0.60	0.78	0.39	1.03	0.91	5.09
京欣砧冠	0.52	0.56	0.50	0.39	0.32	0.61	1.03	0.74	4.67
日本雪松	0.53	0.50	0.46	0.45	0.18	0.52	1.05	0.89	4.58

附表 4 （续）

品种	株高	茎粗	地上部鲜重	根鲜重	根结指数	卵粒指数	繁殖系数	病情指数	总计
亲抗水瓜	0.42	0.67	0.33	0.52	0.22	0.42	1.07	0.61	4.26
京欣砧 6 号	0.47	0.67	0.44	0.52	0.27	0.46	1.14	0.69	4.66
强根	0.53	0.42	0.44	0.50	0.43	0.33	1.04	0.74	4.43
京欣砧 4 号	0.62	0.52	0.47	0.52	0.63	0.51	1.07	0.83	5.17
京欣砧 2 号	0.41	0.40	0.64	0.33	0.68	0.65	1.07	0.35	4.53
京欣砧 3 号	0.67	0.53	0.33	0.67	0.27	0.35	1.06	0.48	4.36
黑籽南瓜	0.41	0.59	0.36	0.43	0.04	0.59	1.07	0.33	3.82
勇士	0.44	0.11	0.26	0.46	0.34	0.52	1.07	0.30	3.50

2.4 西瓜砧木幼苗对南方根结线虫抗性的聚类分析

从附图 1、附图 2 可以看出，以 4 个抗性指标进行聚类，当 T=9、I=9、J=2，距离为 1.891 2 时，可将西瓜砧木分为 4 类，抗南方根结线虫砧木有京欣砧王；中抗南方根结线虫砧木有京欣砧 4 号、京欣砧 5 号和雪藤木 2 号；感病南方根结线虫砧木有强根、日本雪松；高感南方根结线虫砧木有京欣砧 2 号、黑籽南瓜、勇士。

由附图 2 得出，以抗性指标中变异系数最大的根结指数进行聚类，当 T=9、I=3、J=2，距离为 1.076 5 时，可将砧木分为 4 类，且分类结果与以 4 个抗病指标进行聚类基本相同，表明根结指数能较准确地反映砧木的抗病能力。

通过聚类分析，将西瓜嫁接砧木分为抗南方根结线虫、中抗南方根结线虫、感病南方根结线虫和高感南方根结线虫砧木 4 类，抗南方根结线虫有京欣砧王，隶属函数总值为 5.70；中抗南方根结线虫为京欣砧 4 号、京欣砧 5 号和雪藤木 2 号，隶属函数总值分别为 5.17、5.13、5.09；感病南方根结线虫为京欣砧 6 号、日本雪松、强根，隶属函数总值分别为 4.66、4.58、4.43。高感南方根结线虫砧木有黑籽南瓜、勇士，隶属函数总值分别为 3.82 和 3.50。表明隶属函数分析和聚类分析的结果高度一致，因此，西瓜嫁接砧木抗南方根结线虫筛选结果科学、可信。

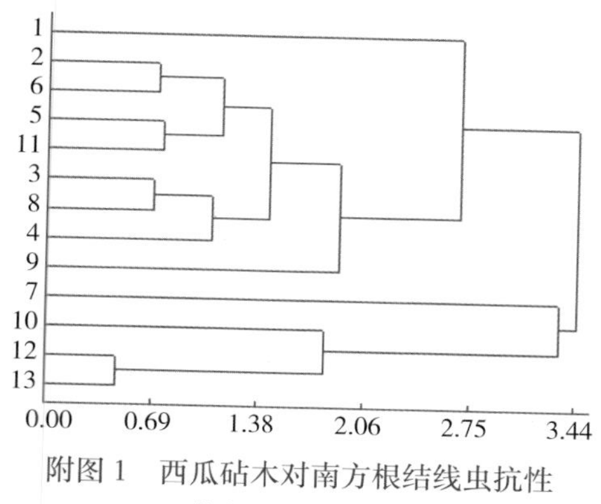

附图 1 西瓜砧木对南方根结线虫抗性指标的聚类分析

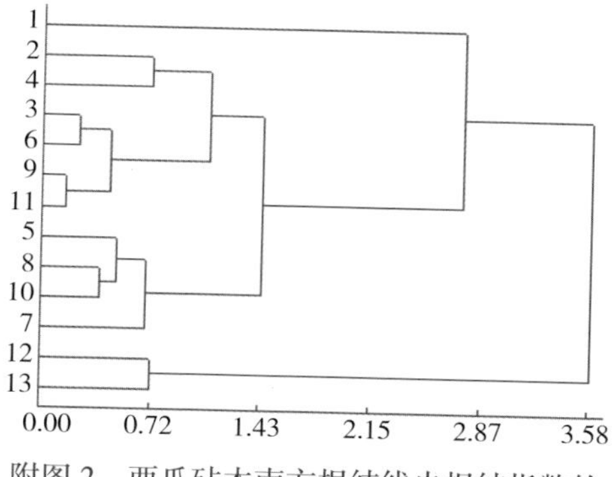

附图 2 西瓜砧木南方根结线虫根结指数的聚类分析

3 结论与讨论

前人关于瓜类砧木抗根结线虫能力的鉴定报道较多，李可等根据病情指数，对供试的 32 份砧木南瓜分为感病和高感 2 种类型，对 23 份砧木西瓜分为中抗和感病 2 种类型。沈镝等对收集到的 444 份瓜类材料，进行抗根结线虫鉴定，依据病情指数将供试的材料分为抗、中抗、感病 3 种类型。李磊等通过收集到的 6 份砧木资源，进行黄瓜嫁接对南方根结线虫的抗性试验，并根据其产量和病情指数，筛选出 1 份耐南方根结线虫的砧木。通过试验发现，采用不同的单一指标对南方根结线虫进行抗性评价，抗性的结果会存在一定差异。聚类分析多应用于抗性筛选研究，可将供试材料分成不同类型群体，但是不能准确确定品种间抗性大小的顺序。隶属函数是根据所有供试材料的测定指标，将多个指标转换成彼此独立的因子，计算所有指标的隶属函数总和，可反映出植株的抗病能力，但其不能将供试材料进行分类。因此，本试验采用隶属函数分析和聚类分析 2 种方法结合进行。将 13 份西瓜嫁接砧木分为抗南方根结线虫、中抗南方根结线虫、感病南方根结线虫和高感南方根结线虫砧木 4 种类型。

在不同西瓜砧木材料幼苗接种南方根结线虫后，各砧木幼苗的相对生长量及相关抗病指标均发生显著变化，且砧木之间存在显著差异。经过接种南方根结线虫 50 天后调查发现，根结线虫浸染后可显著降低砧木幼苗的生长量，其中株高的变异系数较大，其次是地上鲜重，表明根结线虫侵染对幼苗株高的生长影响较大。从相关抗性指标结果可以看出，根结指数的变异系数最高，说明该指标对南方根结线虫侵染最敏感，同时也表明根结数量对南方根结线虫抗性能力的强弱影响较大。本试验采用隶属函数分析和聚类分析两种方法，确定京欣砧王为抗南方根结线虫砧木；京欣砧 4 号、京欣砧 5 号和雪藤木 2 号等为中抗砧木；京欣砧 6 号、日本雪松、强根等为感病砧木；黑籽南瓜、勇士为高感砧木。

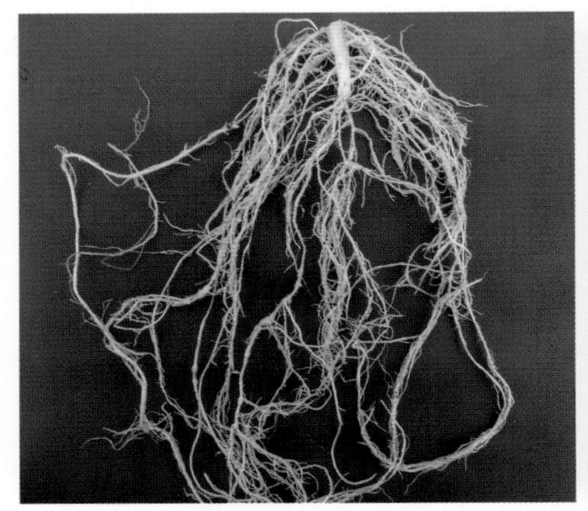
附图 3　京欣砧王

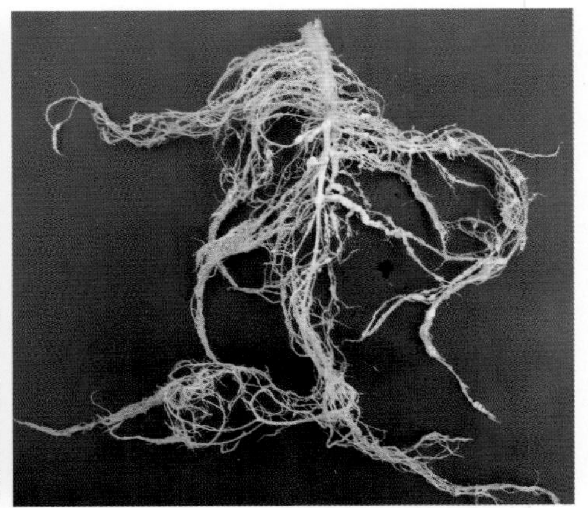
附图 4　雪藤木 2 号

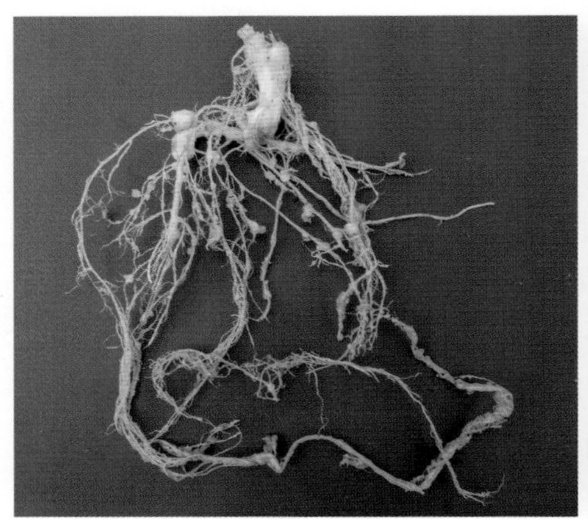
附图 5　日本雪松

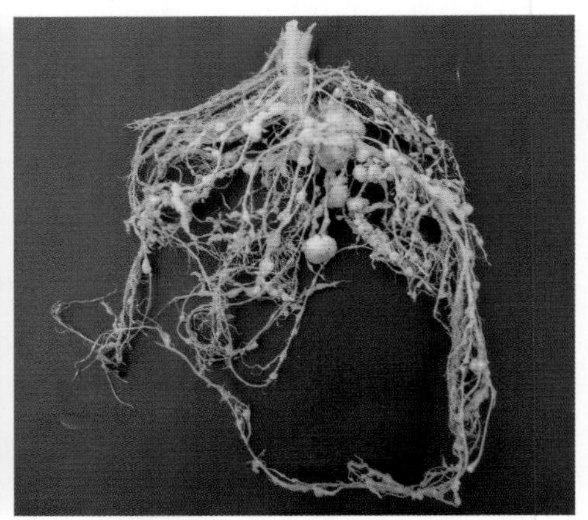
附图 6　黑籽南瓜